Verlag Podszun-Motorbücher GmbH
Elisabethstraße 23-25, D-59929 Brilon
Internet: www.podszun-verlag.de
Email: info@podszun-verlag.de

Herstellung Druckhaus Cramer, Greven

ISBN 3-86133-394-5

Titelfotos: Klaus-Uwe Hölscher (oben links), Jochen Thorns (oben rechts), Manfred Gihl (unten)
Rückseite: Olaf Huth, Seiten 1 und 144: Manfred Gihl

Jahrbuch 2006 Feuerwehr Fahrzeuge

PODSZUN

Liebe Leserin, lieber Leser!

Das Jahrbuch Feuerwehrfahrzeuge erscheint in diesem Jahr zum 11. Mal. Wiederum hat das Redaktionsteam versucht, seinen Lesern einen möglichst vielseitigen Überblick aus dem großen Bereich der Feuerwehrfahrzeuge zu vermitteln. Den Schwerpunkt bilden in dieser Ausgabe die nationalen und internationalen Neufahrzeuge – nicht zuletzt wegen der Interschutz. Dank gilt an dieser Stelle allen Autoren und Bildgebern, die mit Engagement und viel Zeitaufwand gearbeitet haben, damit das Buch rechtzeitig zur Buchmesse erscheinen konnte. Ein technischer Hinweis: Namentlich nicht gekennzeichnete Abbildungen wurden von den Autoren der jeweiligen Beiträge zur Verfügung gestellt.

Ihnen, liebe Leserin, lieber Leser, wünschen wir viel Vergnügen mit dem Jahrbuch und nicht vergessen: das nächste Jahrbuch Feuerwehrfahrzeuge, die Ausgabe 2007, ist ab Oktober 2006 erhältlich. Falls Sie selbst einmal für das Jahrbuch schreiben wollen, Kritik oder Anregungen anbringen möchten, schreiben Sie uns bitte an die unten stehende Adresse. Wir freuen uns auf den Kontakt mit Ihnen.

Ihr Redaktionsteam „Jahrbuch Feuerwehrfahrzeuge"

P.S.

Sie können das Jahrbuch Feuerwehrfahrzeuge in Buchhandlungen oder direkt beim Verlag auch abonnieren. Von den älteren Ausgaben sind noch die Jahrgänge 1997, 1999, 2000, 2001, 2002 und 2004 lieferbar. Fordern Sie kostenlos und völlig unverbindlich unser Gesamtverzeichnis mit Büchern über Baumaschinen, Lastwagen, Autos, Motorräder, Traktoren, Lokomotiven und Feuerwehrfahrzeuge an:

Verlag Podszun-Motorbücher GmbH
Elisabethstraße 23-25, D-59929 Brilon, Telefon 02961 / 53213, Fax 02961 / 2508
Email: info@podszun-verlag.de, Internet: www.podszun-verlag.de

Neuheiten 2004 und 2005

von Manfred Gihl und Dr. Andreas Klingelhöller

Drei Dinge kennzeichnen den Feuerwehrfahrzeugsektor in den Jahren 2004 und 2005: Einerseits ein nach Industrieangaben als zurückhaltend zu bezeichnendes Beschaffungsklima in den Kommunen, andererseits neue beziehungsweise den Realitäten folgende, überarbeitete Fahrzeugnormen und natürlich die Interschutz 2005 in Hannover. Zusammen genommen ist die Bandbreite der durch öffentliche und private Feuerwehren beschafften Fahrzeuge für Brandschutz, technische Hilfeleistung und Rettungsdienst wiederum beachtlich. Eine vielfältige Auswahl stellen wir auch in diesem Jahr dem interessierten Leser vor, der manches Interschutz-Fahrzeug wiedererkennen wird.

Die Umsetzung der neuen Normen für die wichtigsten Löschfahrzeugtypen in die Praxis ist in vollem Gange. Bereits seit 2002 ersetzt das Löschgruppenfahrzeug LF 10/6 das LF 8/6, und seit November 2004 fand das seit Jahrzehnten bewährte, bezüglich seiner Beladung immer wieder aktualisierte LF 16/12 im (H)LF 20/16 seinen Nachfolger. Nachdem die Norm für das Tanklöschfahrzeug TLF 16/25 bereits im November 2004 zurückgezogen wurde, steht eine Neuordnung bei den verbliebenen genormten TLF 16/24-Tr und TLF 24/50 kurz bevor. Vorgesehen ist die Normung eines TLF 20/40 und eines TLF 20/40 S. Prototypen hatten die einschlägigen Hersteller anlässlich der Interschutz im Ausstellungsprogramm.

Am unteren Ende der Palette für Löschfahrzeuge hat der Normenausschuss FNFW neben den beiden Tragkraftspritzenfahrzeugen TSF und TSF-W seit

Das Löschunterstützungsfahrzeug (LUF) der BF Hamburg fährt ferngesteuert auf Raupen. Sein hydraulisch angetriebenes Gebläse erzeugt einen stark vernebelten Wasserstrahl, unter dessen Schutz der Angriffstrupp in stark verqualmten Hallen, Tunneln und Tiefgaragen sicher vorgehen kann

Einen Opel Zafira 2.0 TDI (74 kW bei 4000/min) nutzt die FF Buchholz i. d. Nordheide (Niedersachsen) seit 2004 als KdoW (1)

Den ersten VW Touareg einer norddeutschen Feuerwehr stellte im März 2005 die BF Hamburg als KdoW in Dienst. Er basiert auf dem Touareg mit 2,5-Liter-Reihen-Fünfzylinder mit 128 kW bei 3500/min und besitzt Automatikgetriebe und Luftfederung. Es handelt sich um ein „Folienauto" (1)

Nur wenige Wochen später ging auch bei FF Norderstedt (Schleswig-Holstein) ein VW Touareg mit gleicher Motorleistung als KdoW in Dienst. Den Innenausbau nahm die Firma TDS Invents Fahrzeugtechnik vor. Auch dieser KdoW ist ein „Folienauto" (1)

November 2004 das Kleinlöschfahrzeug (KLF) nach DIN 14530-24 platziert, doch sind KLF bei den Feuerwehren, gemessen an den tatsächlichen Beschaffungen, bisher noch sehr rar.

Neu sind seit April 2005 die Normen für Gerätewagen Logistik GW-L 1 und GW-L 2 nach DIN 14555-21 bzw. DIN 14555-22. Auch wenn bislang noch nicht wirklich viele Fahrzeuge normgerecht beschafft worden sind, zeigt die kleine Auswahl der hier vorgestellten „GW-N", dass der Bereich „Nachschub/Logistik" durch interessante fahrzeugtechnische Lösungen hervorsticht.

Neue, auch äußerlich überarbeitete Kabinen erhielten die Fahrgestelle „Atego" von Mercedes-Benz (Facelifted) und von Iveco EuroFire (New Face), letztere jetzt wieder mit „Iveco Magirus" bezeichnet. Mercedes-Benz stellte den Aufbauherstellern die ersten Fahrgestelle der neuen Baureihe „Axor", die als Gewichts- und Preisalternative zum Fahrgestelltyp „Actros" in der Gewichtsklasse 18 t bis 26 t zu sehen ist, zur Verfügung. Feuerwehrfahrzeuge auf Basis der neuen Fahrgestellreihe „TGL" von MAN können an dieser Stelle aufgrund des Redaktionsschlusses noch nicht gezeigt werden.

Beachtenswert sind die Zugänge an Teleskopmastbühnen (TMB) in der Höhenklasse 52 bis 54 Meter. Nach Berlin (2001) und München (2004) hat im Jahr 2005 auch die Feuerwehr Hamburg eine TMB dieser Größenordnung (Hubarbeitsbühne genannt) in Dienst genommen. Und eine zweite TMB der 50 m-Klasse steht seit Mitte 2005 zusätzlich auf Hamburger Gebiet: bei der Airbus Deutschland GmbH. Speziell bei den Beschaffungen von Freiwilligern Feuerwehren konkurrieren die „klassischen" 30-Meter-Drehleitern zunehmend mit den Teleskopmasten. Auch hier spielen die Beschaffungskosten eine wichtige Rolle.

Es fällt nicht zum ersten Mal auf, wie viele Bauvarianten es gerade beim Tanklöschfahrzeug TLF 24/50 gibt, berücksichtigt man Fahrgestelltypen, Aufbaukonstruktionen und Zusammensetzung der Löschmittel. In dieser Ausgabe des Jahrbuches werden, wie schon im Vorjahr, wiederum verschiedene Bauausführungen des TLF 24/50 gezeigt.

Fotos: Gihl (1), Klingelhöller (2)

Im Juli 2005 nahm die FF Unterhaching (Bayern) diesen Geländewagen BMW X5 als KdoW in Dienst. Der 3-Liter-Dieselmotor leistet 160 kW bei 4000/min (1)

Als KdoW für den „Kommandodienst" (Führungsaufgaben oberhalb der Zugführungsebene) nutzt die BF Münster den M-Klasse Mercedes-Benz ML 270 CDI mit Ausbau von Binz (Baujahr 2004). Das Kofferraumschubfachsystem ermöglicht es, das Fahrzeug kurzfristig zu einem NEF umzurüsten. Insgesamt sind in Münster bislang fünf M-Klasse-KdoW/NEF beschafft worden (3 x 2001, 2 x 2004) (2)

Im Jahr 2005 hat die WF Hamburg Airport einen VW T 5 mit Ausbau von Swing Car als ELW 1 in Dienst gestellt (2)

Einen ELW 1 nahm die FF Metzingen (Baden-Württemberg) Anfang 2005 in Dienst. Als Basis diente der Mercedes-Benz (MB) Sprinter 316 CDI, der Innenausbau stammt von der Firma Weschenfelder (1)

Bei der Beschaffung des ELW 1 hat sich im Jahr 2005 die FF Eckernförde (Schleswig-Holstein) an einem Vorbild eines Fahrzeugs in Bad Schwartau orientiert. Den VW LT 35 hat Binz ausgebaut. Von hinten ist ein Geräteraum (u.a. Schnelleinsatzzelt, Stromerzeugeraggregat 1,5 kVA) zugänglich (2)

Bislang war im Kreis Dithmarschen (Schleswig-Holstein) kein größeres Einsatzleitfahrzeug stationiert. Diese Lücke ist im Sommer 2005 durch den in der Kreisstadt Heide stationierten ELW 2 (MAN LE 8.150 4x2 BB/GSF) geschlossen worden. Der Funkraum mit 2 Arbeitsplätzen ist von der Rückseite zugänglich. Von der rechten Seite wird der mittig angeordnete Besprechungsraum erreicht. Standardmäßige Ausstattung: fest eingebaute (2 x 4 m-Band, 1 x 2 m-Band) und mobile (4 x 2 m-Band) Funktechnik, D-Netz-Telefon/Fax, Analog- und ISDN-Festnetzanschlussmöglichkeit für einen ortsfesten und sechs Mobilapparate, mobile Wetterstation, 2 PC, 1 Fax/Scanner/Kopier-Kombigerät. Eine Besonderheit ist das Seefunkgerät, das aufgrund der potenziellen Einsatzorte innerhalb des Kreises notwendig ist (Nord-Ostseekanal, Nordseeküste) (2)

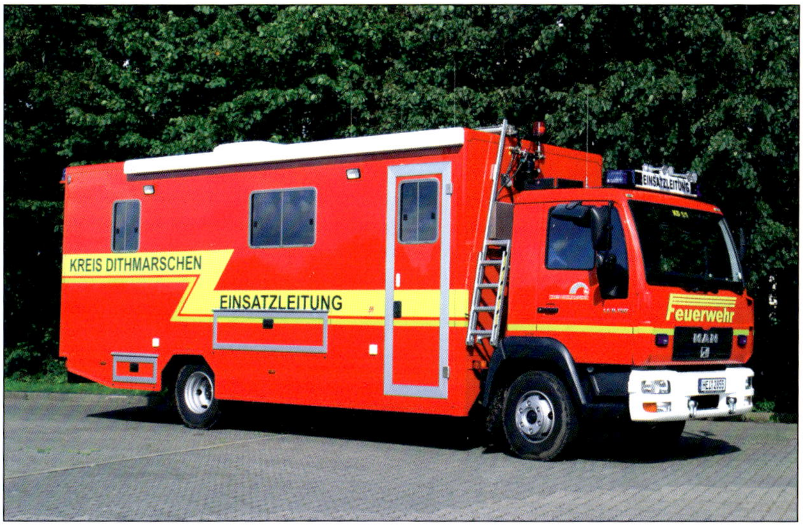

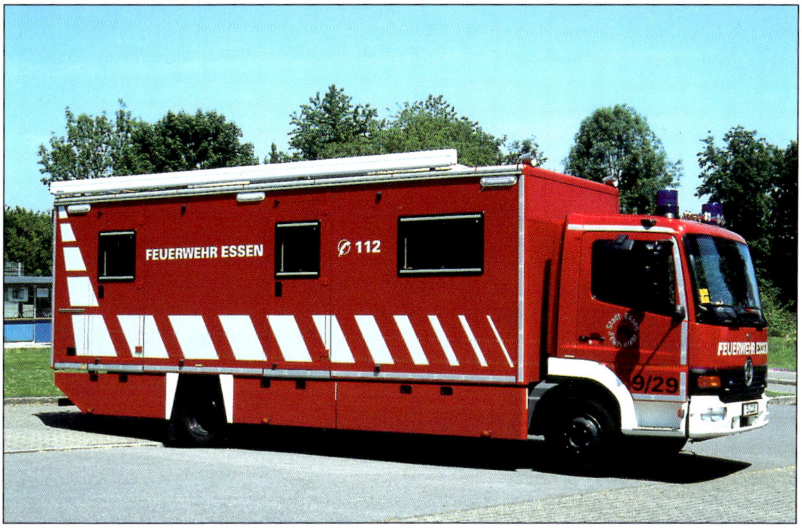

Im Jahr 2004 lieferte Schmitz diesen ELW 2 an die BF Essen. Fahrgestell: MB Atego 918 L (1)

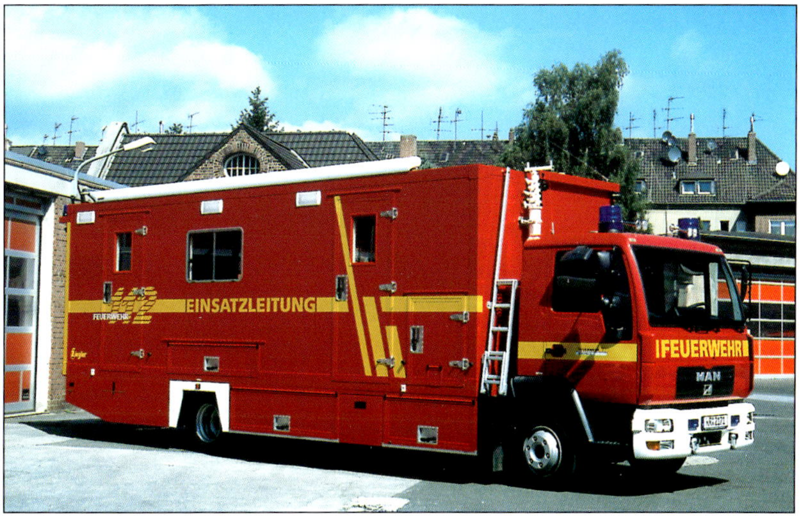

Ebenfalls im Jahr 2004 lieferte Ziegler diesen in ihrem Werk Mühlau gefertigten ELW 2 an die BF Krefeld. Fahrgestell: MAN 8.185 LLC (1)

Der 2005 neu in Dienst gestellte ELW 2 der BF Herne wurde von Schmitz auf dem IVECO EuroCargo-Fahrgestell 90 E 18 gebaut. Der Aufbau gliedert sich in einen vorderen Funkraum (3 Arbeitsplätze) und einen hinteren Besprechungsraum. Den fernmeldetechnischen Ausbau besorgte Swiss Phone System. Der ELW zeigt sich in dem bekannten Herner Farbschema, d. h. mit in Gelb lackierten Radabdeckungen, vorderem Stoßfänger und Rückspiegeln (1)

Auch die BF Leverkusen nahm 2005 einen neuen ELW 2 in Dienst. Im Gegensatz zu dem ELW 2 von Herne ist der Funkraum (2 Arbeitsplätze) hinten und der Besprechungsraum vorne angeordnet. Schmitz baute den ELW 2 auf dem MB Atego 815 F (mit langem Fahrerhaus) auf. An der rechten Seite ist eine Jalousie angebarcht. Den fernmeldetechnischen Ausbau besorgte auch hier Swiss Phone System (1)

Nachdem die BF Hamburg im Jahr 2000 einen neuen ELW 3, die in Hamburg Befehlswagen (BfW) heißen, in Dienst gestellt hatte, erhielt sie im Juni 2005 den zweiten BfW. Diesmal diente als Basis ein EvoBus MB O 550 ÜH Integro. Er wird von einem Sechszylinder-Reihenmotor, Leistung 260 kW, über ein ZF-Automatikgetriebe angetrieben. Den Ausbau und Einbau der fernmeldetechnischen Einrichtungen übernahm wieder die Spezialfirma Baumeister & Trabandt (1)

Die auffällige Beklebung des ELW 2 (nach DIN 14507 Teil 1 und 3) der BF Münster weist auf die vdfb-Jahrestagung in Münster im Beschaffungsjahr 2005 hin. Gimaex/Schmitz hat ein Niederflurbusfahrgestell MAN NL 313 ausgebaut. In den Räumen B und C sind 4 Kommunikationsarbeitsplätze sowie 11 Besprechungsteilnehmer vorhanden. Zur Steuerung und Bedienung der gesamten Funk- und Kommunikationstechniktechnik sowie der integrierten Dokumentationsanlage kommt das Kommunikationsmanagementsystem CULT zur Anwendung (2)

Das neue TSF-W (500 Liter Wasser) der FF Meppen (Niedersachsen), aufgebaut auf einem IVECO Daily Fahrgestell 65 C 15 D, ist 2005 vom Magirus-Zweigwerk in Brandenburg (Brandschutztechnik Görlitz) geliefert worden. Bei entsprechenden Einsatzstichworten werden kleinere Einschubcontainer gewechselt und das TSF-W so als „Kleinalarmfahrzeug" eingesetzt (z. B. Insektenbeseitigung, Wasser im Keller u. ä.) (2)

Als Vorauslöschfahrzeug (VLF) wird dieser MB Sprinter 416 CDI mit Rosenbauer-Aufbau bei der WF BMW, Werk Leipzig (Sachsen) bezeichnet (Baujahr 2004). Die kompakten Außenmaße ermöglichen dem Erstangriffstrupp ein Befahren der Werkhallen – deshalb auch der Abgasfilter auf dem Dach. Die Sitze sind mit integrierten PA ausgestattet. Im Fahrzeug befinden sich eine Rosenbauer FP NH 20 (1400 l/min, 8 bar – 200 l/min, 30 bar), eine Gloria PLA (120 kg ABC-Pulver), eine 60 Liter CO_2-Löschanlage, Akku-Schere/Spreizer und ein 4 x 500 W-Lichtmast (2)

Bemerkenswert an dem LF 10/6 der FF Kummerfeld (Schleswig-Holstein) ist die Größe des single-bereiften Fahrgestells: MB Atego 1225 AF! Lt. Fahrzeugschein ist es auf ein zulässiges Gesamtgewicht von 13.100 kg aufgelastet. Der Aufbau des 2004 gebauten Fahrzeugs mit einem 600 Liter-Wassertank stammt von Schlingmann. Zur feuerwehrtechnischen Beladung/-Ausrüstung gehört neben einem 5 kVA-Stromerzeugeraggregat, einer 5 kVA Dynawattanlage und einem pneumatischen Lichtmast (2 x 1000 W) ein Hochdrucklöschgerät (2)

Die beiden ersten LF 10/6 von Rosenbauer in Compactline-Bauweise (CL) gingen 2004 nach Siegen (Nordrhein-Westfalen). Das Bild zeigt das LF 10/6 der FF Siegen-Gosenbach. Fahrgestell: MB Atego 818 (Motorleistung 130 kW bei 2300/min, zulässiges Gesamtgewicht 8600 kg). Feuerlöschpumpe FPN 10-1000, 1000 Liter Löschwasser, Lichtmast 4x1000 W. Die CL-Bauweise zeichnet sich durch vollständiges Fehlen von Trenn- und Stützwänden innerhalb des Aufbaus und einen einzigen, elektromotorisch betätigten Rolladen je Seite aus. Das zweite LF 10/6 erhielt die FF Siegen-Eisern (1)

Zwei baugleiche „Vorauslöschfahrzeuge" VLF 20/16 mit Schlingmann-Aufbau für den innerstädtischen Einsatz hat die BF Dresden 2004 in Dienst gestellt. Das abgebildete Fahrzeug auf MB Atego 1225 F (Automatikgetriebe) steht an der Wache 4 (Löbtau). Es ist ausgestattet u. a. mit einer „S 2000"- Kombipumpe – FPN 10/2000 + FPH 40/250, 1.600-Liter- Wassertank und Stromerzeuger „Travel Power" 7,5 kVA (2)

Als Ersatz für die wieder zurückgegebenen drei Octopus (siehe Jahrbuch 2003) erhielt die BF Duisburg 2004 von Magirus drei VLF 20/24. Sie sind auf dem Fahrgestell MAN LE 14.280 (4x4 BB) aufgebaut und verfügen über eine FP 16/8, einen Löschwassertank mit 2400 Litern Inhalt, einen Lichtmast 2x1000 W, 5,5-kVA-Stromerzeuger und zwei Barth-Einmann-Haspeln. Als Besonderheit ist die Verkehrswarneinrichtung „horizontal-Signal" am Heck zur Verkehrsabsicherung namentlich bei Autobahneinsätzen zu nennen, die bereits bei langsamer Fahrt ferngesteuert aufgerichtet werden kann (1)

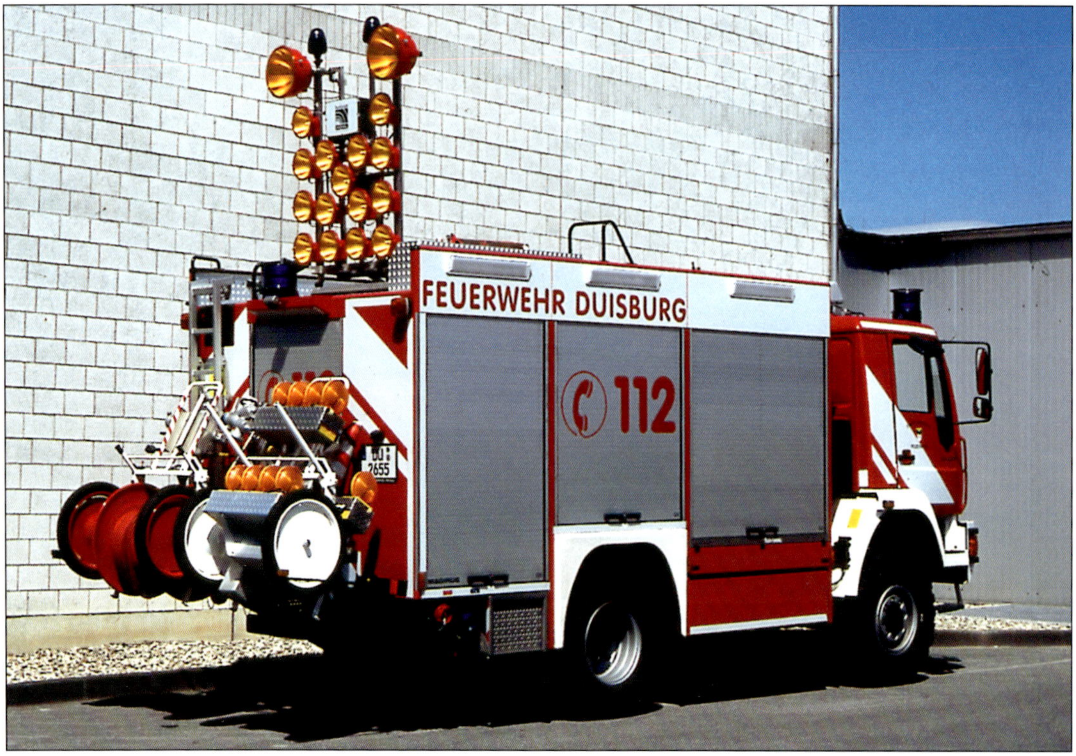

Hervorstechend an diesem LF 16/12 der FF Bad Segeberg (Schleswig-Holstein) sind zweifelsohne die aufgeklebten Flammensymbole, deren Idee der Außendarstellung der Feuerwehr dient – „Flammen, Feuer, Feuerwehr" –. Das MB Atego 1325 AF-Fahrgestell trägt einen Schlingmann-Aufbau (Baujahr 2004). Offensichtlich stand die HLF 20/16-Norm schon Pate bei der Fertigung des Fahrzeugs (Rotzler-Seilwinde 50 kN, 2.000 Liter Wasser) (2)

Auf weißem Untergrund RAL 3024 folienbeklebt weist auch das 2005 ersatzbeschaffte LF 20/16 der FF Kaltenkirchen (Schleswig-Holstein) ein optisch ansprechendes Äußeres auf. Schlingmann hat den Quadra-Line-Aufbau auf ein MB-Atego-Fahrgestell 1428 AF der aktuellen „Facelift"-Generation gesetzt. Eine der beiden Einmannhaspeln am Aufbauheck wird entweder mit einem Sprungretter oder alternativ mit 2 x 50 kg Pulverlöschern gefahren. Schlingmann FPN 10-2000, 2000 Liter Wasser, 200 Liter Schaummittel, Hale FoamMaster Schaumzumischung, Bodensprühdüsen vorne, 1+4 sitzintegrierte PA, eine Multifunktionsleiter (2)

Als erste Feuerwehr in Deutschland beschaffte 2005 die FF Taufkirchen (Bayern) ein HLF 20/16 von Lohr-Magirus auf Iveco FF 140 E 28 W. Das Fahrgestell ist einzelbereift! Bemerkenswert abseits der normgerechten Beladung für Brandschutz und technische Hilfeleistung: CAFS-Anlage (Hale), flexible 25 m-Druckluftleitung speziell für den Einsatz von Drucklufthebekissen, 2 seitlich schwenkbare Barth-Einmannhaspeln, gelb eingefärbte B- und C-Schläuche, Notfallrucksack und automatischer externer Defibrillator. Die Tanks im Aufbau fassen 2000 Liter (Wasser) bzw. 200 Liter (Schaummittel) (2)

Im Laufe des Jahres 2005 werden bei der Feuerwehr Frankfurt/Main 18 weitgehend baugleiche Hilfeleistungslöschfahrzeuge HLF 20/16 in Dienst gehen. Sie werden von Lentner auf MB Atego 1428 AF gebaut. Die HLF verfügen über eine FPN 10-3000 von Godiva, 1600 Liter Löschwasser, 200 Liter Schaummittel, 13-kVA-Stromerzeuger und Lichtmast (1)

Zwei fast baugleiche Hilfeleistungslöschfahrzeuge HLF 16/12 erhielt die FF Metzingen (Baden-Württemberg) im Jahr 2004. Beide sind von Magirus auf MAN-Fahrgestellen 14.285 MA-LF aufgebaut. Sie führen an Löschmitteln 1600 Liter Wasser, 150 Liter Class B-Schaummittel und 50 Liter Class A-Schaummittel mit, die mittels Hale FoamMaster-Anlage zugemischt werden. Weitere Ausstattung: 14 kVA-Stromerzeuger, Lichtmast 2x1000 W, zwei Einmann-Haspeln. Die HLF sind 2,35 Meter breit („Schweizer Breite"). Auffällig sind die auf den Geräteräumen aufgebrachte „Fototapeten", die auf Fotos von Einsätzen der Wehr basieren (1)

Das zweite HLF 16/12 der FF Metzingen ist vermehrt für technische Hilfeleistungen ausgelegt und besitzt eine Frontseilwinde von Pomp, Zugkraft 50 kN. Die Beladung enthält u. a. Hurst-Rettungsgerät, Lkw-Rettungsplattform, Sprungpolster und „Power-Ball"-Beleuchtung. Auch diese Fototapeten zeigen reale Einsätze der Wehr (1)

Ein HLF 20/20 beschaffte die FF Frankenthal (Rheinland-Pfalz) 2004 auf der Basis des MB Atego 1328 AF von Rosenbauer. Es besitzt eine Feuerlöschpumpe NH 30 und führt 2000 Liter Wasser und 200 Liter Schaummittel mit (1)

Das hier gezeigte HLF 20/20-2 mit Staffelbesatzung der BF Leipzig ist der Ziegler-Prototyp (Baujahr 2004) einer geplanten Beschaffungsserie von 10 Fahrzeugen für alle 5 Feuer- und Rettungswachen und zum Zeitpunkt des Fototermins an der Westwache im Testeinsatz. Fahrgestellbezeichnung MAN 14.285 LLLC, d. h. Luftfederung an Vorder- und Hinterachse, die auch ein Absenken des Fahrzeugs ermöglicht. Es werden u. a. 2 Einmannhaspeln (eine mit Ölbindemitteln) und 2 Multifunktionsleitern mitgeführt. Die vier Sitzplätze hinten und der Staffelführerplatz weisen integrierte PA auf. Die Kabine ist klimatisiert. Kombinierte Hochdruck-/Niederdruckpumpe mit 2 x 80 m-Schnellangriffseinrichtung, FireDos-Schaumzumischung, 2000 Liter Wasser und 200 Liter Schaummittel (2)

Im Jahr 2004 hat Ziegler dieses HLF 30/20-5 mit in den Aufbau integrierter Mannschaftskabine (Staffelbesatzung 1/5) auf MAN TGA 18.360 (18.363 LLC) für die WF BMW, Werk Leipzig gebaut. Fahrzeugausrüstung: Kombinierte Normaldruck/Hochdruckpumpe FPN 10-3000/FPH 40-250, 2000 Liter Wasser, 500 Liter Schaummittel, Rotzler Treibmatic TR 030/5, 2 seitlich klappbare Einmannhaspeln (2)

In Nordrhein-Westfalen werden von Berufsfeuerwehren und für hauptamtliche Wachen freiwilliger Feuerwehren weiterhin LF 24 nach Landesrichtlinie beschafft. Drei LF 24 (MAN 14.280 4x2 BB/Lentner) für die Feuer- und Rettungswachen 4 und 8 sowie die Feuerwehrschule hat die BF Köln 2004 geliefert bekommen. 1600-Liter-Wassertank, Schaummittel in Kanistern (6 x 20 Liter), FPN 10-2000 (Godiva), Seilwinde 50 kN (Rotzler), Generator 20 kVA (Kirsch) (2)

Ein LF 24 nach der Landesrichtlinie Nordrhein-Westfalen beschaffte 2004 die FF Erkrath (Nordrhein-Westfalen). Magirus verwendete das Fahrgestell IVECO FF 150 E 28. Das LF 24 verfügt über einen 1600-Liter-Wassertank, eine 50-kN-Seilwinde von Rotzler, einen 23-kVA-Generator und einen Lichtmast (1)

Die WF Airport Hamburg hat 2005 zwei baugleiche HLF 30/40-4 mit Rosenbauer AT II-Aufbau beschafft (Rosenbauer FP N 30, „Fix Mix" Schaumzumischung, 4000 Liter Wasser, 400 Liter AFFF-Schaummittel, Schaum-/Wasserwerfer RM 25 E an der Stoßstange, 4 Selbstschutzbodensprühdüsen vorne, 2 seitlich wegklappbare Einmannschlauchhaspeln). Die beiden Neufahrzeuge ersetzen drei HTLF 24/50 in den Bereichen Gebäudebrandschutz, technische Hilfeleistung und Flugzeugbrandschutz. Fahrgestell: MB 1628 AF, Automatikgetriebe (Allison). Die Mannschaftskabine ist in den Aufbau integriert. Die Ausrüstung des Fahrzeugs ist an den Beladeplan eines LF 16/12 angelehnt (2)

Das 2004 beschaffte TLF 16/24-Tr der BF Brandenburg a. d. Havel (Brandenburg) besticht durch seine äußere optische Erscheinung. Fahrgestell: MAN LE 10.180 (10.185 LAEC-LF), Aufbau: Magirus, 2400 Liter Wasser (2)

Ebenfalls von Magirus stammt der Aufbau dieses einzelbereiften TLF 16/24-Tr der FF Celle, Ortsfeuerwehr Westercelle (Niedersachsen). Als Fahrgestell entschied man sich 2005 für ein MB Atego 918 AF. Zur Beladung gehört ein Drucklüfter. Ein weiteres Fahrzeug dieser Bauart steht bei der Ortsfeuerwehr Hustedt (Baujahr 2003) (2)

2004 beschaffte die FF Salzhausen (Niedersachsen) ein TLF 16/25 als Ersatz für ein TLF 8-W aus dem Jahr 1979. Dieses TLF 16/25 ist das erste, das von Schlingmann auf dem Fahrgestell Mercedes-Benz Atego 1325 AFE (Single-Bereifung) in QuadraVA Highline gebaut wurde. Es handelt sich um ein Vorführfahrzeug. Es besitzt eine FP 24/8 und einen Löschwassertank von 2900 Liter Inhalt. Zusätzlich wird eine dreiteilige Schiebleiter mitgeführt (1)

Ein TLF 16/25 erhielt die FF Dietzenbach (Hessen) Mitte 2005 von Rosenbauer auf dem Fahrgestell Mercedes-Benz 1428 AF. Der Mannschaftsraum ist im Koffer integriert. Es handelt sich um ein „Folienauto". Feuerlöschkreiselpumpe N 30 (FPN 10-2000). Fest eingebaut sind ein Tank mit 130 Liter Netzmittel und ein Tank mit 70 Liter Class A-Foam. Zumischeinrichtung: FoamPRO (1)

Aus Österreich hat Rosenbauer im Jahr 2005 das TLF 24/40 an die Ortswehr Elstorf der FF Neu Wulmstorf (Niedersachsen) geliefert. Fahrgestell: MAN LE 18.280 4x4 BB single-bereift, Pumpe: Rosenbauer R 240, Wassertank: 4.000 Liter. Das Fahrzeug ist auch mit einem Lichtmast ausgerüstet (4 x 1000 W) (2)

Ein MB Atego 1328 AF-Fahrgestell hat 2004 die Firma Empl im Werk Elster als TLF 16/45 für die FF Kirchheim (Hessen) ausgebaut. Die Pumpe stammt von PF Jöhstadt, der Wassertank wird mit 4000 l gefüllt. Es werden 200 Liter Schaummittel in einem Tank mitgeführt. Zur Löschtechnik gehört auch eine CAFS-Anlage (2)

An der Feuerwache Striesen hat die BF Dresden 2004 das TLF 24/50 auf MAN LE 18.280 (Allrad) stationiert. Der Aufbau ist von Ziegler in Modulbauweise mit ALPAS-Profilen ausgeführt. Die GfK-Tanks fassen 4800 Liter Wasser bzw. 500 Liter Schaumbildner. Der Frontwerfer von Alco leistet bis zu 2000 l/min bei einer Wurfweite von 60 m (2)

Empl baute das TLF 24/50 der BF Heppenheim (Hessen) auf MAN FE 19.310 (19.314 FAK) im Jahr 2004. Die Hinterachse besitzt Single-Bereifung. Es besitzt eine Pumpe FPN 10-2000 von Feuerlösch- und Pumpentechnik Jöhstadt und eine Schaumzumischeinrichtung FireDos (1)

Das TLF 24/50 der FF Aalen (Baden-Württemberg) ist das erste, das auf dem Straßenfahrgestell MAN TGA 18.313 FC gebaut wurde und sämtliche Löschmittel mitführt: 4800 Liter Wasser, 300 Liter Schaummittel, 200 Liter Class A-Foam, 500 kg Löschpulver (PLA 500 von Minimax) und 30 kg CO2. Den Dachmonitor 2400 l/min steuerte Rosenbauer bei. Ziegler baute das TLF 24/50 im Jahr 2004 (1)

Beim Löschzug Avenwedde hat die FF Gütersloh (Nordrhein-Westfalen) ein TLF 24/50 stationiert. Fahrgestell MB Atego 1828 AK. Der Aufbau stammt von Empl (Baujahr 2004, Auslieferung Anfang 2005), die Pumpe (FPN 10-2000) von FP Jöhstadt, der Werfer auf dem Aufbaudach von Alco – Löschmittel: Wasser 5000 Liter, Schaummittel 500 Liter (2)

Einen ungewohnten Anblick bietet das TLF 24/50 des Baujahres 2005 der FF Cloppenburg (Niedersachsen). Schlingmann hat einen Rohaufbau von Plastisol auf ein IVECO Eurotrakker Cursor 350-Fahrgestell (zulässiges Gesamtgewicht 19000 kg) gesetzt. Sonderanfertigung für Cloppenburg: Der Wassertank fasst 7000 Liter, der Schaummitteltank 500 Liter (2)

Auch die FF Kelsterbach (Hessen) erhielt 2004 ein neues TLF 24/50. Magirus baute es auf dem Fahrgestell IVECO MP 190 E 35 W (Allrad). Die Löschmittel umfassen 4800 Liter Wasser, 2x200 Liter Schaummittel und 100 Liter Class-A-Foam. Zumischeinrichtung: FireDos. Außerdem ist ein 5-kVA-Generator von Elja vorhanden (1)

In Anlehnung an die sächsische Richtlinie für Waldbrand-TLF beschaffte die FF Alsfeld (Hessen) 2004 dieses TLF 16/45 von Schlingmann. Fahrgestell: Mercedes-Benz Atego 1528 AFE (Single-Bereifung) mit Radstand von nur 3610 mm. Den GfK-Aufbau lieferte die holländische Firma Plastisol. Löschtechnische Einrichtungen: FP 24/8, 4500 Liter Wasser, 200 Liter Schaummittel (1)

Die FF Lampertheim (Hessen) beschaffte 2005 von Magirus dieses TLF 20/45 auf IVECO FF 140 E 28 W (4x4), das einen extrem kurzen Radstand von 3400 mm aufweist. Das Fahrzeug ist mit dem neuen Automatic Drive-Train Management (ADM) ausgestattet. Löschtechnische Einrichtungen: Feuerlöschkreiselpumpe FPN 10-2000, 4500 Liter Wasser, 200 Liter Schaummittel. Lampertheim entschied sich zum ersten Mal für ein „Folienauto" (1)

Im Jahr 2005 hat die BF Ludwigshafen zwei baugleiche Trocken-Tanklöschfahrzeuge (TroTLF 60/50-5-P 450) auf Scania-Fahrgestellen vom Typ R 94 GB NZ 300 (4x2), Motorleistung 221 kW bei 2000/min, beschafft. Sie wurden von Rosenbauer gebaut und führen folgende Löschmittel mit: 5000 Liter Wasser, 500 Liter Schaummittel, 450 Kilogramm Pulver (PLA von Total). Die Rosenbauer-Pumpe ist vom Typ R 600, der Dachwerfer hat einen Ausstoß von 2400 l/min (1)

Die BF Rostock hat 2005 das GTLF 30/80-8 für die Feuer- und Rettungswache 3 auf dem Gebiet des Überseehafens beschafft. Ziegler hat das mit einer FPN 30-1000 (maximaler Förderstrom 4000 l/min) ausgerüstete Fahrzeug auf einem MAN TGA 26.350 6x4 BB-Fahrgestell (mit Automatikgetriebe) aufgebaut. Wasser: 9000 Liter, Schaummittel: 800 Liter, Alco-Schaum-/Wasser-Werfer auf dem Aufbau (2)

Die Flughafenfeuerwehr Karlsruhe/ Baden-Baden im Baden Airpark bei Rheinmünster nahm 2004 ein HTLF 24/50 in Dienst. Es wurde von Magirus auf dem Fahrgestell IVECO MP 260 E 44 W (6x6) gebaut und führt 5000 Liter Wasser und 500 Liter Schaummittel mit. Die löschtechnischen Einrichtungen umfassen eine Feuerlöschpumpe FP 24/8, einen Frontwerfer 1200 l/min und Bodensprühdüsen. Hinter der Kabine ist ein Lichtmast 4x1000 W angeordnet, der von einem 13-kVA-Stromerzeuger gespeist wird. In der integrierten Kabine mit verglasten Omnibustüren sind 4 Sitze mit PA-Halterungen ausgestattet, ebenso der Beifahrersitz (1)

Der spanische Hersteller Protec-Fire (in Madrid und Sevilla ansässig) hat erstmals ein Flugplatzlöschfahrzeug nach Deutschland geliefert. Der Flughafen Paderborn/Lippstadt erhielt im März 2005 ein FLF 60/100/12, aufgebaut auf MAN 27.633 DFAEG (6x6) mit Allison-Automatikgetriebe. Das Fahrgestell ist auf 32.000 kg aufgelastet und wird von einem MAN-Motor, Leistung 463 kW bei 1700/min angetrieben. Die Löschmittel betragen: 10000 Liter Wasser, 1200 Liter AFFF und 240 kg CO_2. Die Godiva-Pumpe FP 60/10 mit Hochdruckteil (200 l/min bei 40 bar) wird von einem separaten MAN-Motor, Leistung 206 kW, angetrieben (1)

Das Jahr 2005 markiert den Einstieg von Schlingmann in die Klasse der Löschfahrzeuge für Flughäfen. Das FLF 60/100/ 10-500 P ist für die WF Airbus Deutschland GmbH, Werk Hamburg-Finkenwerder, auf einem üppig motorisierten, einzelbereiften MB Actros 3361 (6x2) AKE-Fahrgestell gefertigt worden. Die Schlingmann-FP 60/10 („S 6000") wird durch einen separaten 206 kW-Motor angetrieben. Die Tanks fassen 10000 Liter Wasser und 1000 Liter Schaummittel. Die 500 kg-Pulverlöschanlage stammt von Gloria. An der Fahrerhausfront (2.000 l/min) und auf dem Aufbau (6.000 l/min) befindet sich je ein Werfer von Alco (2)

Einen MAN TGA 26.410 (6x2-2 BL) als TroSTLF 60/20-40-750 P beschaffte 2004 die WF Dupont Performance Coatings (ehem. Lackfabrik Dr. Kurt Herberts) im Werk Wuppertal. Drei Einsatzkräfte besetzen das Fahrzeug der Rosenbauer-Baureihe „Grizzly" mit einem „Customized Body System"-Aufbau (selbsttragender Aluminium-Werkstoffverbund). Löschmittel: 2000 Liter Wasser, 4000 Liter Schaummittel, 750 kg Pulver. Feuerlöschkreiselpumpe Rosenbauer R 600, Schaummittel-pumpe R 60 mit eigenem Antrieb (2)

Die WF PDVSA Ruhr Oel GmbH beschaffte 2005 für ihr Werk in Gelsenkirchen-Scholven ein Universallöschfahrzeug ULF 65/400/200-1000 P „Protector", das Ziegler in seinem holländischen Tochterunternehmen in Winschoten bauen ließ. Der modulare Aufbau ist in ALPAS-Technik gefertigt. Als Fahrgestell kam ein MAN 26.414 FNLLC/L (6x2/4) zur Verwendung. Der Motor hat eine Leistung von 301 kW bei 1900/min. Die Ziegler-Feuerlöschpumpe ist vom Typ FPN 10-6000-2 H. Die Löschmittel umfassen 4000 Liter Wasser, 2000 Liter Schaummittel, 1000 kg Pulver und 200 kg CO_2. Das ULF verfügt über eine fest eingebaute Gaswarnanlage und eine Wassersprühanlage zur Einhausung (1)

Für die WF DOW Deutschland GmbH im Werk Stade baute Rosenbauer 2004 dieses Universallöschfahrzeug ULF 100/40/40/2000 P-240 HRET (dort als ULF 8000/2000/240-HRET bezeichnet) auf dem Mercedes-Benz-Fahrgestell Actros 3246 8x4/4 mit Serien-Fahrerhaus (1+2 Sitze). Es besitzt die leistungsfähigste Pumpe von Rosenbauer N 100 (10.000 l/min bei 10 bar) und führt je 4000 Liter Wasser und Schaummittel, 2000 kg Pulver (PLA von Total) sowie 240 kg CO_2 mit. Die Löschmittel Wasser, Schaum und Pulver können außer über Schnellangriffseinrichtungen auch über den teleskopierbaren Löscharm (Ausfahrhöhe 15 m) abgegeben werden. Weitere Ausrüstung: Flutlichtmast 4x500 W, Einbaugenerator 5 kVA, Rückfahrkamera, Verkehrsleiteinrichtung (1)

Ein bisher einzigartiges Sonderlöschfahrzeug (SLF) hat die WF DaimlerChrysler im Werk Mettingen seit 2004 im Dienst: Einen 9850 mm langen Sattelauflieger mit einer Zugmaschine MB Actros 1844 LS (4x2). Der gesamte Sattelzug hat eine Länge von 13.050 mm, eine Höhe von 2550 mm und eine Höhe von 3850 mm und wird von einem Dieselmotor, Leistung 320 kW bei 1800/min angetrieben. Aufbauten und Löschtechnik stammen von Tony Brändle in Wil (CH). Die Godiva-Feuerlöschpumpe FP 40/10 wird von einem separaten MTU-MB-Dieselmotor, Leistung 280 kW bei 1800/min, angetrieben. Zu seiner autarken Versorgung ist ein eigener 300-Liter-Kraftstofftank vorhanden. Der Löschwassertank fasst 3500 Liter, der Schaummitteltank 1500 Liter. Außerdem ist ein Druckluftschaumanlage FOA-M-IX-IV CAFS vorhanden. Weitere Ausstattung: hydraulisch betriebener EME-Generator 40 kVA. Den zweiachsigen Auflieger baute die Firma Eschler Fahrzeugbau AG (Schweiz). Beide Achsen sind zwangsgelenkt, sodass sich ein Wendekreisdurchmesser von nur 13,8 Metern ergibt. Die feuerwehrtechnische Beladung, u.a. Pulverlöscher, ist in Rollcontainern untergebracht. Sie können über die heckseitige Ladebordwand entladen werden. Der von Palfinger entwickelte dreifach teleskopierbare Löscharm lässt sich bis auf 11,5 Meter ausfahren. An seiner Spitze befinden sich ein Wasserwerfer, eine Lastöse und fünf 1500-W-Scheinwerfer (1)

Nachdem die Betriebsfeuerwehr der Total Bitumen Deutschland GmbH in Brunsbüttel-Ostermoor bislang gebrauchte Fahrzeuge, meist aus anderen Werken des Konzerns, erhalten hatte, ist im Jahr 2005 erstmals ein Neufahrzeug – ein TroSTLF 20/30-10-500 P – beschafft worden. Im Werk Weisweil von Magirus ist auf ein IVECO-Fahrgestell Stralis 190 S 31 ein Aufbau gesetzt worden, der u. a. Tanks für 3000 Liter Wasser, 1000 Liter Schwerschaummittel und 500 kg Pulver (Total-PLA) aufnimmt (Pumpe FPN 10-2000; FireDos-Schaumzumischung, Alco Schaum-/Wasser-Werfer) (2)

Metz Aerials lieferte diese DLK 12-9 PLC (Herstellerbezeichnung „L 20“) als zweites Fahrzeug seiner Art in Deutschland 2005 an die FF Celle (Niedersachsen). Das MB Vario 815 D-Fahrgestell trägt einen 3-teiligen Leitersatz. Der Drehturm ist in Verbindung mit der Leiterauflage so ausgeführt, dass ein Drehen innerhalb der Fahrzeugkonturen möglich ist (2)

Im Herbst 2004 haben in Berlin die Feuer- und Rettungswachen Tempelhof und Prenzlauer Berg identische DLK 23-12 PLC 3 („L 32“) von Metz Aerials erhalten. Fahrgestell: MAN 14.285 LC. Besonderes Merkmal dieser folienbeklebten Fahrzeuge mit einem Radstand von 3.950 mm ist der kurze (5-teilige) Leiterpark (2)

Ebenfalls eine „L 32“ von Metz Aerials ist diese DLK 23-12 der FF Preetz (Schleswig-Holstein) auf einem MAN LE 15.280 4x2 BB-Fahrgestell. Die Drehleiter des Baujahres 2005 ist mit einem „Multifunktionskorb“ der neuesten Bauart ausgestattet, der u. a. durch vier Ein-/Ausstiegsmöglichkeiten gekennzeichnet ist (2)

Ein Einzelstück wird diese aufgrund der besonderen Anforderungen der BF Darmstadt von Metz gebaute DLK 23-12 (L 32) bleiben. Das MAN-Fahrgestell vom Typ TGA 26.360 FNLL mit zwangsgelenkter Nachlaufachse wird von einem 265-kW-Dieselmotor angetrieben. Die Firma Maurer versetzte das M-Fahrerhaus um ca. 600 mm nach vorn und ca. 400 mm nach unten, sodass in Verbindung mit dem Dacheinschnitt von 180 mm die nach Norm zulässige maximale Fahrzeughöhe von 3300 mm eingehalten wird. Auch der Einstieg ist infolge der Kabinenversetzung niedriger. Praktisch handelt es sich um das erste „Low Entry"-TGA-Feuerwehrfahrzeug, wenngleich es in dieser Art nicht in Serie gehen wird. Traditionell sind die Darmstädter Einsatzfahrzeuge in Rubinrot (RAL 3003) lackiert. Die Aufnahme entstand in der Orangerie von Darmstadt (1)

Seit 1991 hat die BF Köln ausschließlich Drehleitern in der Kombination MAN/Magirus beschafft. Die abgebildete DLK 23-12 CS auf einem MAN-Fahrgestell 18.285 LC ist 2004 in einem Paket von vier baugleichen Fahrzeugen für die Feuer- und Rettungswache Ostheim beschafft worden. Besonderheiten: Fest installierte Wasserführung im letzten Leiterteil, Xenon-Scheinwerfer an der Unterleiter (2)

Die DLK 23-12 CS-GL der FF Oberderdingen (Baden-Württemberg) ist die erste Drehleiter dieses Typs, die von Magirus auf dem MAN-Fahrgestell LE 15.280 aufgebaut wurde. Baujahr: 2004. Stationiert ist sie bei der Ortswehr Flehingen (1)

Die FF Winsen (Niedersachsen) erhielt im Dezember 2004 die erste Magirus-Drehleiter DLK 23-12 auf dem Fahrgestell: IVECO FF 150 E 28 „New Face". Sie besitzt eine Kraneinrichtung mit 4000 kg Traglast. Es werden ein Stromerzeuger, ein Drucklüfter und ein Wasserwerfer mitgeführt (1)

Die FF Böblingen (Baden-Württemberg) nahm 2004 diese DLK 23-12 CS-GL von Magirus in Dienst. Fahrgestell: MB Atego 1528 F (1)

Eine DLK 23-12 CS-GL wurde im Juni 2005 von der FF Breisach (Baden-Württemberg) von Magirus übernommen. Sie ist auf dem Fahrgestell MB Atego 1328 F aufgebaut. Die DLK 23-12 hat das passende polizeiliche Kennzeichen erhalten: FR-DL 2312 ! (1)

Die FF Dorsten (Nordrhein-Westfalen) erhielt 2004 von Magirus diese DLK 23-12 CS n.B. auf dem Fahrgestell Iveco FF 150 E 28 (1)

An der Feuer- und Rettungswache Nord der hauptamtlich besetzten FF Paderborn (Nordrhein-Westfalen) ist die DLK 23-12 CS n.B. GL HZL (Baujahr 2004) in RAL 3024 Lackierung stationiert. Fahrgestell IVECO FF 150 E 28 – Aufbau Magirus. Auf dem Podest ist eine Lkw-Rettungsbühne verlastet (2)

Die FF Reutlingen (Baden-Württemberg) erhielt 2004 die erste Magirus-DLK 23-12 CS n.B. GL HZL auf dem Fahrgestell IVECO FF 150 E 28 „New Face" (1)

Eine neue Drehleiter DLK 23-12 CS n.B. GL beschaffte 2005 die BF Herne von Magirus, die selbstverständlich im bekannten Herner Farbschema lackiert ist. Fahrgestell: IVECO FF 150 E 28. Sie führt einen Drucklüfter „Super Vac" von Zumro und einen 8-kVA-Stromerzeuger von Geko mit (1)

Als Fahrgestell für ihre 2004 beschaffte Bronto-Skylift TLK 23-12 entschied sich die FF Siegburg (Nordrhein-Westfalen) für ein MB-Econic 1828 LL. Es gibt in Deutschland zur Zeit noch sechs TLK 23-12 auf MB Econic-Fahrgestellen (FF Saarlouis, WF DaimlerChrysler, Düsseldorf, FF Bad Salzuflen, FF Walldorf, FF Langelsheim, FF Schöningen) (1)

Die Bronto-Skylift TLK 23-12 der FF Kehl (Baden-Württemberg) wurde 2004 auf dem Scania-Fahrgestell P 114 GB aufgebaut. Nach den Fahrzeugen für die FF Marl und die FF Euskirchen ist es dies die dritte TLK 23-12 auf einem Scania-Fahrgestell (1)

Die WF Boehringer Ingelheim Pharma GmbH & Co KG erweiterte ihre Ausstattung mit Teleskopmasten 2005 durch einen Bronto Skylift F 37 RL (ein SLF 60/60 mit Bronto Skylift F 54 HDT ist bereits seit 2002 in Dienst – siehe Jahrbuch 2003). Fahrgestell: MB Econic 2633 LL (6x2) (1)

Der Hersteller Bronto Skylift bezeichnet diese Teleskopmastbühne als „F 54 RLX". Es handelt sich um das erste Fahrzeug dieser Größenordnung auf einem MB Econic-Fahrgestell (Typ 3233 (8x2/6), angetrieben: Achse 3, lenkbar: Achsen 1, 2, 4). Beschafft worden ist das Fahrzeug im Jahr 2005 von der WF Airbus Deutschland GmbH, Werk Hamburg-Finkenwerder (2)

Die BF München nahm 2004 eine Teleskopmastbühne vom Typ Bronto Skylift F 53 RL in Dienst. Er ist auf dem Scania-Fahrgestell P 124 GB (8x2/6) mit Nachlaufachse aufgebaut. Außer der lenkbaren Vorderachse sind die 2. Achse (Vorlaufachse) und die 4. Achse (Nachlaufachse) zwangsgelenkt, nur die 3. Achse wird angetrieben. Die fest eingebaute Feuerlöschpumpe FPN 15-3000 von Ziegler wird über einen zweiten Nebenabtrieb vom Fahrmotor angetrieben. Am mit 400 kg belastbaren Korb sind Scheinwerfer, Wasserwerfer und Stromanschlüsse vorhanden (1)

Auch die BF Hamburg besitzt seit Juni 2005 einen Bronto Skylift F 53 RL. Die offiziell „Hubarbeitsbühne" genannte Teleskopmastbühne ist auf dem Fahrgestell MAN TGA 26.413 FDLC (8x4/2) aufgebaut, das ein anderes Antriebsschema als die Münchner Teleskopmastbühne aufweist: Die 1. und die 4. Achse (Nachlaufachse) sind lenkbar, die 2. und 3. Achse sind angetrieben. Die fest eingebaute Feuerlöschpumpe FPN 15-3000 von Ziegler wird durch einen separaten Mercedes-Benz-Motor (Leistung: 125 kW) angetrieben. Im bzw. am Korb, der bis zu 400 kg belastbar ist, befinden sich ein Schaum-/Wasserwerfer (max. 3800 l/min), zwei B-Abgänge, Sprühdüsen zum Selbstschutz, Scheinwerfer und Stromanschlüsse 220/400 Volt. Eine Farbvideokamera und eine Wärmebildkamera können bei Bedarf im Korb angebracht werden (1)

Ein Unikat ist der „GW" (Funkkennung 59) des Löschzuges Brockhagen der FF Steinheim (Nordrhein-Westfalen), den Empl (Werk Elster) 2005 auf einem MB Atego 1225 AF aufbaute. Er erfüllt die Aufgaben eines Rüstwagens. Die Kabine ist für eine Staffel ausgelegt – zwei der hinteren Sitzplätze sind mit einer integrierten PA-Halterung ausgerüstet. In den hinteren Geräteraum sind zwei Rollcontainer eingeschoben, die mittels einer Dautel-Ladebordwand geladen werden (2)

Der Bachert-RW 2 der FF Bad Oldesloe (Schleswig-Holstein) musste nach einem Verkehrsunfall ersetzt werden. Ende 2004 lieferte Schlingmann den single-bereiften RW auf MAN LE 14.280 4x4 BB. Die 50 kN-Seilwinde stammt von Rotzler (TR 30/5) (2)

Auch die FF Pinneberg (Schleswig-Holstein) hat sich bei der Beschaffung des neuen RW im Jahr 2004 für eine Single-Bereifung entschieden (Aufbau Ziegler). Eher untypisch ist das für RW dieser Größenordnung „kleine" Fahrgestell MB Atego 1225 AF (2)

Gerade im ländlichen Bereich und in der Nähe von Kanal- und Flussgewässern beschaffen Feuerwehren vereinzelt RW mit Kran – so auch 2005 die FF Meppen (Niedersachsen) diesen RW-Kran auf MAN ME 14.280 4x4 BB mit Quadra VA-Aufbau von Schlingmann (Palfinger-Kran PK 9501). Der Lastbereich des Kran (480 kg bis 2060 kg) ist auf das Ablassen eines Bootes bzw. das Herausheben von Pkw ausgelegt (2)

Ende 2004 hat die BF Hamm (Nordrhein-Westfalen) einen RW mit Lentner-Aufbau beschafft (Fahrgestell MB Atego 1528 AF). Mittels Umlenkrolle entwickelt die Rotzler Treibmatic-Seilwinde TR 030/5 im Zug nach hinten eine Kraft von bis zu 100 kN. Der RW ist mit einem Schleuderkettensystem ausgerüstet (RUD OnSpot) (2)

Einen RW mit Zusatzbeladung Gefahrgut hat 2004 die FF Bernau (Brandenburg) beschafft. Fahrgestell MB Atego 1328 AF mit Ziegler Aufbau. Die Zugvorrichtung stammt von Rotzler (TR 030/5) (2)

Die FF Haar (Bayern) ist für Fahrzeuge bekannt, deren Jalousieverschlüsse in rot lakkiert sind. Dem entspricht auch der 2004 beschaffte RW auf MB Atego 1528 AF mit Rosenbauer-Aufbau aus dem Werk Luckenwalde. Der RW ist sowohl mit einem fest eingebauten (30 kVA) als auch einem mobilen (13 kVA) Stromerzeugeraggregat ausgerüstet (2)

Die FF Halver (Nordrhein-Westfalen) erhielt Mitte 2005 einen Rüstwagen nach neuer Norm, gebaut von Gimaex/Schmitz auf dem „facegelifteten" MB Atego 1328 AF. Seilwinde Rotzler 50 kN, Generator 23 kVA, zwei Lichtmasten (je 2x1500 W). Auf dem Dach wird ein Schlauchboot mitgeführt, Es handelt sich um ein Folienauto (1)

Für die FF Lennestadt (Nordrhein-Westfalen), Löschzug 2 (Meggen) baute Schwäble 2005 unter Verwendung eines Fahrgestells MB Atego 1328 AF seinen ersten Rüstwagen nach neuer Norm. Seilwinde HPC 50 kN, Generator 15 kVA, Lichtmast 2x1500 W (1)

Einen bislang eher seltenen RW nach Norm mit Ladebordwand (Fabrikat Dautel; Tragkraft 1500 kg) baute erstmals Schlingmann und lieferte ihn im ersten Halbjahr 2005 an die BF Wuppertal (Nordrhein-Westfalen). Fahrgestell: MB Atego 1525 AF mit Automatik-Getriebe und um 180 mm verlängertem Fahrerhaus – vermessenes Gewicht des beladenen Fahrzeuges: 11.980 kg. Im Aufbauheck sind 4 Rollcontainer eingeschoben: technische Rettung, Hebekissen/Luftheber, Wasserrettung und Anschlagmittel (2)

Im Jahr 2004 nahm die FF St. Ingbert (Saarland) diesen RW in Dienst, den Schmitz auf dem Fahrgestell MB Atego 1328 AF baute. Technische Ausstattung: Seilwinde Rotzler 50 kN, Generator 30 kVA, Ladebordwand Dautel, 1000 kg Tragkraft (1)

Der Landkreis Breisgau-Hochschwarzwald (Baden-Württemberg) beschaffte 2004 diesen Rüstwagen von der Firma Zikun. Typisch für Zikun sind die „Swing-Board" Klappwände als Geräteraumverschlüsse. Fahrgestell: MB Atego 1428 AF. Technische Ausstattung: Pomp-Seilwinde 50 kN, EME-Generator 30 kVA. Stationiert ist der RW bei der FF Breisach. Deshalb ist auf den Seiten die Silhouette des Breisacher Münsters aufgemalt (1)

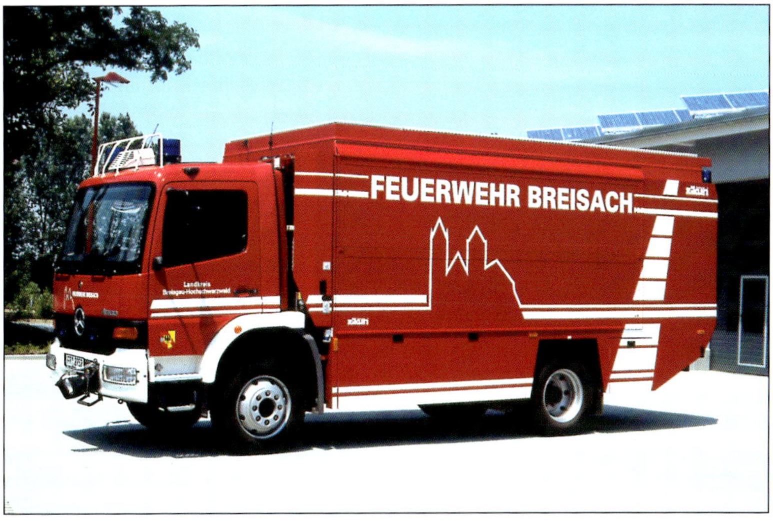

Den ersten RW auf einem „New Face“ Fahrgestell 140 E 24 für eine Feuerwehr in Schleswig-Holstein hat Magirus im Frühjahr 2005 an die FF Heiligenhafen ausgeliefert. Die Seilwinde stammt von Rotzler, der für Feuerwehrfahrzeuge „übliche“ Typ TR 030/5 mit einer Seillänge von 60 m (2)

Den ersten Magirus „Multistar“ HURW (Hubarbeits-Universal-Rüstwagen) erhielt 2005 die FF Ascheberg (Nordrhein-Westfalen). Er stellt eine Kombination von Rüstwagen und Teleskopmast dar und wurde auf dem MAN-Fahrgestell LE 18.280 (4x2 BB) gebaut. Von Magirus stammen die Kabinenverlängerung (Niederlassung Lohr), der Gerätekoffer und der Rettungskorb RK 270, während der dreiteilige Hubsatz sowie die zugehörige Hydraulik und Elektronik von der in Ascheberg ansässigen Firma Claas entwickelt und hergestellt wurden. Bemerkenswert ist die sechsfache Abstützung, wobei nur die mittlere seitlich ausfahrbar ist. Der Teleskopmast erreicht eine maximale Arbeitshöhe von 30 Metern. Die Bedienung vom Boden aus erfolgt über ein tragbares Funk-Bedienpult. Die Löschwasserführung zum Korb erfolgt über Alu-Rohre. Sonstige Ausstattung: Seilwinde Rotzler 50 kN, Generator 23,5 kVA. Zur Beladung gehören hydraulisches Rettungsgerät, Plasma-Schneidgerät und Luftheber (1)

Kräfte der FF Bad Homburg (Hessen) besetzen dieses 2004 von der Firma Hartmann (Alsfeld) gebaute vielfältig ausgestattete KLAF (Kleinalarmfahrzeug) auf MAN 9.185 LC. Am Heck befindet sich eine Dautel-Ladebordwand. Das KLAF ersetzt zwei Fahrzeuge (Werkstattwagen und GW-Öl) (2)

Lt. Türschild handelt es sich bei dem MB Vario 815 D um einen „GW-Sonder", der vom Ziegler-Zweigwerk Mühlau 2005 an die FF Celle (Niedersachsen) geliefert worden ist. Mit ihm werden kleinere technische Hilfeleistungen, Versorgungsfahrten und Nachschubaufgaben abgearbeitet. Hierfür ist die Aufnahme von Rollcontainern vorgesehen, die mittels der Dautel-Ladebordwand geladen werden (2)

Die FF Buchholz in der Nordheide (Niedersachsen) beschaffte 2004 diesen Gerätewagen-Wasserrettung (GW-W). Fahrgestell: MAN 8.185 LLC, Aufbau: Wille, Lüneburg (1)

Der neue GW-W der BF Düsseldorf wurde 2004 von Ziegler auf dem Fahrgestell MB Atego 925 gebaut. Er bietet in der Kabine Sitzplätze für eine Staffel (2 + 3 Sitze). Die Heckkabine dient zum Umziehen nach dem Taucheinsatz. Der GW-W ist ein „Folienauto" und verfügt über Lichtmast und Rückfahrkamera (1)

Die BF Frankfurt/Main erhielt 2004 diesen GW-W für ihren Wasserrettungsdienst als Ersatz für einen 14 Jahre alten 12-Tonner. Er wurde von der Firma Firefighter Shop in Wuppertal auf der Basis des MB Sprinter 316 CDI (4x4) mit mittellangem Radstand und Hochdach gebaut. Der GW-W verfügt über Standheizung und Klimaanlage (1)

Den neuen Gerätewagen Atemschutz (GW-A) der BF Duisburg baute Schmitz 2004 auf dem MAN-Fahrgestell 12.225 LC. Am Heck ist eine Ladebordwand von MBB, Tragkraft 1000 kg, angeordnet (1)

Diesen Gerätewagen Gefahrgut (GW-G) der FF Langen baute Schmitz 2004 auf dem MAN-Fahrgestell LE 10.220 (1)

Einen MAN 14.220 LA-LF mit Staffelkabine und Pritschenaufbau von Geidobler hat 2004 die FF Bad Wörishofen (Bayern) im Rahmen der Neuorganisation der Logistik als GW-N beschafft. Die Dautel-Ladebordwand hat eine Tragfähigkeit von 1.500 kg. Die beidseitigen Staukästen unter dem Aufbau zwischen den Achsen nehmen Ausrüstungsgegenstände für die Ölspurbeseitigung bzw. Verkehrsabsicherung auf. In einer Heckkonsole befinden sich Blitzleuchten und eine Rückfahrkamera. Zwei Rollcontainer und ein Transportwagen (Löschtechnik und Beleuchtung) befinden sich als Standardbeladung auf dem Fahrzeug (2)

Als „Versorgungs-Lkw" wird dieser 2004 beschaffte GW-N auf MB Atego 1325 AF bei der FF Sonthofen im Allgäu (Bayern) bezeichnet. Der Pritschenaufbau stammt von der Fa. Mildner Fahrzeugbau (Kempten). Am Pritschenheck befindet sich eine Dautel-Ladebordwand (1.500 kg Tragkraft), zwischen Kabine und Aufbau ein Palfinger Universalkran des Typs PK 9501 (max. Hubkraft 5.700 kg, max. Ausladung 16,2 m) (2)

Den Koffer des Gerätewagen Logistik (GW-L) für den Landkreis Steinfurt (Nordrhein-Westfalen) baute 2005 die Fa. Hensel Fahrzeugbau GmbH in Waldbrunn (an der Ziegler mit 50 Prozent beteiligt ist) in Alu-Bauweise. Fahrgestell: MB Atego 925 A. Die Ladebordwand am Heck hat eine Tragkraft von 1000 kg. Der GW-L ist bei der FF Lengerich stationiert (1)

Diesen GW-Rett für Einsätze bei einem Massenanfall von Verletzten (Einsatzstichwort „MANV") erhielt die BF Leverkusen Mitte 2005, gebaut von Magirus (BTG) auf MB Vario 814 D. Ladebordwand von Dautel, Tragkraft 1000 kg (1)

Im Vorfeld anstehender Großveranstaltungen (Weltjugendtag 2005, Fußballweltmeisterschaft 2006) hat die BF Köln 2004 den GW-Rett beschafft und an der Feuer- und Rettungswache Porz stationiert. Die Firma Binz hat auf einem MB Atego 1018-Fahrgestell einen Kofferaufbau (mit Ladebordwand von Dautel, Tragkraft 1000 kg)) zur Aufnahme von Rettungsdienstmaterial für Behandlungsplätze ausgestattet (2)

Wechselladerfahrzeug (WLF) der FF Erkrath (Nordrhein-Westfalen). MAN 26.414 FNLLW (6x2) Wechselladereinrichtung von Meiller, Baujahr 2000, in Dienst bei der FF seit 2004. Abrollbehälter Gefahrgut/-Atemschutz/Strahlenschutz (AB-GAS) von Binz, Baujahr 2004 (1)

Ein drittes WLF ist 2005 von der FF Brunsbüttel (Schleswig-Holstein) in Dienst gestellt worden. Der Allrad-MAN TGA 28.390 6x4-4 BL mit einem Hakensystem von Multilift ist zusätzlich mit einem Hiab-Kran Typ XS 122 ausgestattet. Die zweite, einzelbereifte Hinterachse ist liftbar und zwangsgelenkt. Aufgrund der Einbindung der Feuerwehr Brunsbüttel in das System „Schiffsbrandbekämpfung" an Nord- und Ostsee ist das neue WLF gemeinsam von Bund und Land finanziert worden. Zusammen mit dem Fahrzeug ist auch der AB-Schiff zur Aufnahme der in Gitterboxen verlasteten Ausrüstung für die Schiffsbrandbekämpfung geliefert worden. Der Container hat eine Faltplanenabdeckung. Die Gitterboxen werden mit dem Fahrzeugkran entnommen (2)

WLF der FF Neu-Isenburg (Hessen). MAN TGA 26.480 FNLC (6x4), mit Wechsellader-einrichtung von Meiller, Baujahr 2004. Abrollbehälter AB-Logistik von Bruns (Geeste), Baujahr 2004 (1)

WLF der BF Duisburg. MAN TGA 35.410 4BB (8x8) mit Wechselladereinrichtung von VDL-Systeme, Hapert (NL), Baujahr 2004. Abrollbehälter AB-ELKO (= Einsatzleitcontainer) von GIMAEX/Schmitz, Baujahr 2005 (1)

Das erste WLF auf dem neuen Mercedes-Benz-Fahrgestell Axor 2828 (6x2) ging Mitte 2005 zur FF Neu Wulmstorf (Niedersachsen). Die Wechselladereinrichtung stammt von Meiller. Hinter der Kabine ist ein Ladekran von MKG angeordnet, dessen maximale Tragkraft 4000 kg bei 2 m Ausladung beträgt. Er wird mittels einer Funkfernsteuerung bedient. Den Abrollbehälter AB-G baute GIMAEX/Schmitz. Anstelle eines konventionellen Lichtmasts ist eine Beleuchtungsanlage „Power Moon" vorhanden (1)

Das 2005 von der BF Cottbus (Brandenburg) in Dienst gestellte WLF basiert auf einem MB-Fahrgestell Actros 2641 (6x4) mit Palfinger-Hakensystem. Die notwendigen BOS-Einbauten sind im Ziegler-Zweigwerk Mühlau durchgeführt worden. Das Fahrzeug war für kurze Zeit ab August 2004 bei einem Lkw-Händler als Vorführfahrzeug im Einsatz und ist für den Einsatz bei einer Feuerwehr folienbeklebt worden (2)

WLF der Landesfeuerwehr- und Katastrophenschutzschule Rheinland-Pfalz in Koblenz. Mercedes-Benz Actros 2532 (6x4) mit Wechselladereinrichtung Palift, Baujahr 2004. Der Abrollbehälter AB-MANV von Jerg wurde im Hinblick auf die Fußballweltmeisterschaft bereits im Jahr 2002 beschafft (1)

Das erste WLF auf dem MB-Fahrgestell Actros 3332 (6x6) erhielt 2005 die FF Viersen (Nordrhein-Westfalen). Die Motorleistung beträgt 235 kW bei 1800/min. Im Gegensatz zu dem außen angebrachten Logo 3332 ist im Fahrzeugschein nur ein zulässiges Gesamtgewicht von 26.000 kg eingetragen. Die Wechselladereinrichtung stellte VDL-Systeme (NL) bei (1)

Die FF Celle (Niedersachsen) nutzt diesen MB Vito 109 CDI mit Ausbau von TDS Invents Fahrzeugtechnik (Baujahr 2004) als Mehrzweckfahrzeug (MZF) (2)

Ein „Rettungstreppenfahrzeug" (RTF) steht seit 2004 bei der WF Airport Hamburg (Hamburg) im Dienst. Schon in Hinsicht auf Luftfahrzeuge der Größenkategorie Airbus A 380 ist die Haupttreppe mit einer Arbeitshöhe von bis zu 8 m ausgelegt. Die frontangebaute Treppenplattform ermöglicht Rettungsarbeiten an Kleinflugzeugen in 1 m bis 3 m Höhe. Getragen wird die Treppentechnik der Firma TEC-Hünert GmbH von einem auf 29.000 kg aufgelasteten einzelbereiften MAN-Fahrgestell FE 27.410 (27.414 DFAK). Diese Größenordnung ist notwendig, da das Fahrzeug sowohl Löschtechnik und -mittel (Rosenbauer FP N 20 (2.000 l/min, 8 bar), 1.200 Liter Wasser, 100 Liter Schaummittel), als auch umfangreiche technische Rettungsmittel (20 kVA-Generator, Überdrucklüfter, Schere/Spreizer, Trennschleifer, Sprungretter, Umfeldbeleuchtung u.a.m.) mitführt (2)

Ihren zweiten „Turbolöscher" nahm die WF BASF, Werk Ludwigshafen, im Mai 2005 in Betrieb. Im Gegensatz zu ihrem ersten, im Jahr 1996 beschafften Turbolöscher, der auf dem MAN-Fahrgestell LX 90 (6x6) aufgebaut ist, kam beim Turbolöscher II ein Fahrgestell von Mercedes-Benz, Typ Actros 3343 AK (6x6) mit Großraumkabine zur Verwendung. Wie beim Turbolöscher I sind zwei Triebwerke Larzac (vom „Alpha Jet" bekannt) vorhanden und die Aufbauten stammen wiederum von Zikun. Zur Energieversorgung dient ein hinter der Kabine angeordneter 15-kVA-Stromerzeuger. Der Kraftstofftank fasst 2500 Liter Kerosin (Jet A1). Die Wassereinspeisung erfolgt über acht B-Eingänge, die eine Wassermenge bis zu 8000 l/min in den Abgasstrahl ermöglichen (1)

Als Nachfolger des Feuerwehrkrans LTM 1060/2, der in Deutschland bei den BF Hamburg, Kaiserslautern und Mannheim im Dienst ist, präsentierte Liebherr auf der Interschutz den weiterentwickelten FwK 70, Typ LTM 1070-4.1, der anschließend an die FF Ulm ausgeliefert wurde. Der vierachsige Kranwagen hat ein zulässiges Gesamtgewicht von 48.000 kg und wird von einem 270 kW leistenden Liebherr-Sechszylinder-Dieselmotor angetrieben. Alle vier Achsen sind lenkbar, drei Achsen sind angetrieben. Am Heck sind eine Rotzler-Seilwinde, Zugkraft 80 kN, und eine Abschleppgabel für 8000 kg Traglast angeordnet. Vorn ist eine 30-Tonnen-Lasttraverse mitgeführt. Die Auslegerlänge beträgt maximal 50 Meter, die Ausladung maximal 38 Meter. An der Auslegerspitze kann ein fernbedienbarer Wasserwerfer angebracht werden (1)

KTW der BF Herne von Binz auf Mercedes-Benz 270 CDI (130 kW), Baujahr 2005 (1))

Auf der Basis einer landesweit organisierten Ausschreibung werden für die Träger der Rettungsdienste in Schleswig-Holstein ab 2005 von GSF ausgebaute NEF des Typs BMW X 5 beschafft. Das abgebildete Fahrzeug wird von der BF Neumünster betrieben (2)

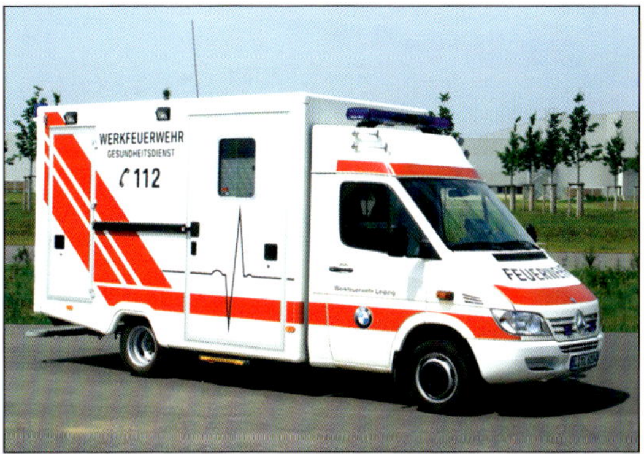

Zum Produktionsbeginn in dem neuen BMW-Werk in Leipzig wurde für die Werkfeuerwehr auch der abgebildete RTW mit einem Kofferaufbau von WAS auf dem in dieser Klasse üblichen MB Sprinter 416 CDI-Fahrgestell beschafft (2)

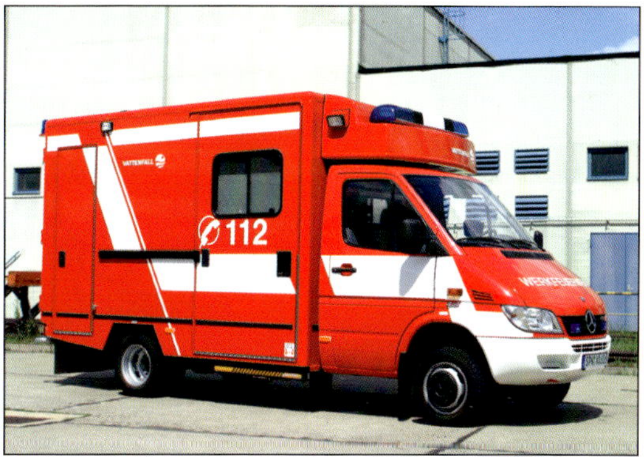

Das zum schwedischen Vattenfall-Konzern gehörende 3000 MW-Braunkohlenkraftwerk Jänschwalde (Brandenburg) wird durch eine eigene Werkfeuerwehr abgesichert. Diese hat 2005 einen RTW mit Allrad-Fahrgestell in Dienst gestellt (MB Sprinter 416 CDI 4x4/Fahrtec Systeme) (2)

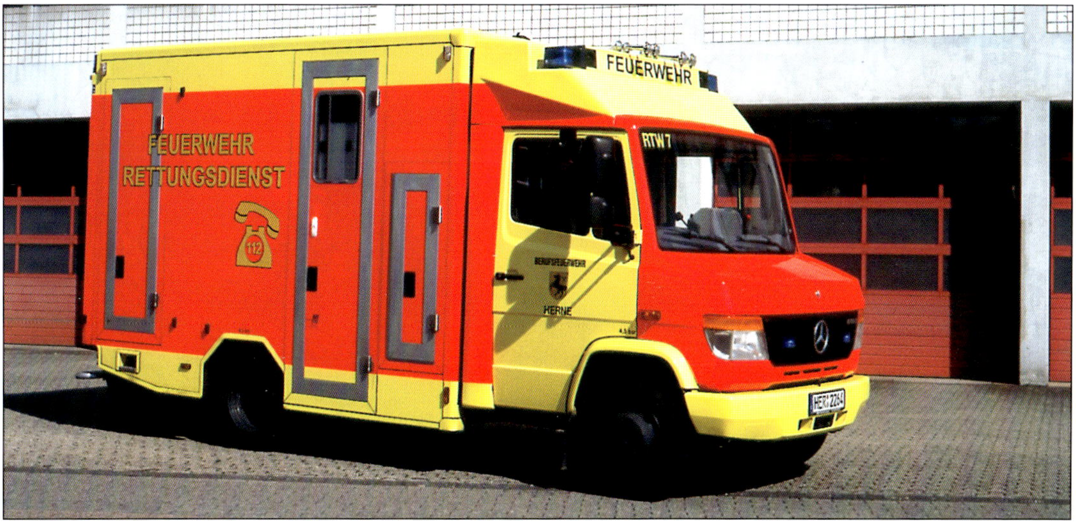

RTW der BF Herne von GSF Sonderfahrzeugbau auf Mercedes-Benz Vario 615 D, Baujahr 2005 (1)

Seit langen Jahren hat die BF Köln (Nordrhein-Westfalen) an der Feuer- und Rettungswache 7 in Porz einen Bus stationiert, der neben dem Personaltransport zur vorübergehenden Aufnahme und Betreuung von evakuierten Personen und im Rahmen von Großschadenereignissen zur Personenbetreuung zum Einsatz kommt. Fahrgestell MAN 14.220 HOCL mit einem Ausbau von Göppel. Das abgebildete Fahrzeug hat 2004 seinen Vorgänger aus dem Baujahr 1976 abgelöst (2)

Die Einsatzbreite des vorhandenen Niederflurhubwagens Typ „Ruthmann HD 1280" (MB Vario 810 D, Baujahr 2001) hat die BF Bremen im Jahr 2005 durch die Beschaffung der Rettungszelle (RettZ) ergänzt. Die Einsatzindikation für die Rettungszelle (Hersteller: ebenfalls Ruthmann) liegt vor, wenn besonders übergewichtige (adipöse) Patienten zu transportieren sind. Die notfallmedizinische Ausstattung umfasst neben einem Spezial-Transportbett (Gesamtgewicht bis 400 kg) und einem entsprechenden Rettungstuch diverse Gerätschaften, die auch zur Ausstattung von RTW gehören (Defibrillator, Beatmungsgerät, Absaug- und Spritzenpumpe, Koffer „Beatmung" und „Kreislauf" sowie Sauerstoff). Extern ist an der Zelle ein 3,5-kVA-Stromerzeuger angebracht (2)

Interschutz „Der Rote Hahn“

Ein Messerundgang

von Manfred Gihl

Im Jahr 1935 wurde in der Elbstadt Dresden, hauptsächlich auf Initiative des damaligen Dresdener Branddirektors Ortloph, erstmalig eine große überregionale Feuerwehrausstellung in Deutschland veranstaltet. Dabei wurde auch erstmals das sinnfällige und einprägsame Leitmotiv „Der Rote Hahn“ verwendet. Seit Ende des Zweiten Weltkriegs fand vom 6. bis 11. Juni 2005 zum siebten Mal die Feuerwehrmesse Interschutz – Der Rote Hahn –, Internationale Messe für Rettung, Brand-/Katastrophenschutz und Sicherheit, statt. Nach Essen (1953), Köln (1961), Frankfurt (1972), Hannover (1980, 1988, 1994) und Augsburg (2000) kehrte die Messe wieder nach Hannover zurück. Dabei sind die Intervalle seit 1980 immer kürzer geworden: Acht, sechs und fünf Jahre Abstand lagen zwischen den letzten vier Messen. Sicherlich ein Zeichen, dass die Industrie trotz der enormen Kosten, die derartige Messen verursachen, ein großes Forum wünscht und benötigt, um ihre Produkte zu präsentieren. So waren schätzungsweise 250 Fahrzeuge im Freigelände und in den Hallen ausgestellt. Deutsche Feuerwehrfahrzeuge sind weiterhin ein Exportschlager.

Der Verfasser, der seit 1961 alle Messen besucht hat, stellt fest, dass die Innovationskraft der deutschen Feuerwehrindustrie ungebrochen ist. Über die wichtigsten Neuentwicklungen für den deutschen Markt wird im Folgenden berichtet.

Iveco Magirus Brandschutztechnik GmbH

„Iveco Magirus“ – die Verbindung von Konzernmarke und Traditionsnamen – steht auf der Motorhaube der neuen Fahrzeuggeneration, die schon äußerlich durch die neu entwickelte Kabine „New Face“ auffällt. Drei Marken sind unter dem Namen der Dachgesellschaft vereinigt: Magirus, Lohr-Magirus und Camiva.

Iveco Magirus (IM) hat mit seinen drei Lkw-Baureihen EuroCargo, Stralis und EuroTrakker sowie der Transporter-Reihe Daily (von 2,8 t bis 6,5 t zulässigem Gesamtgewicht) Fahrgestelle für alle Typen von Einsatzfahrzeugen im Programm. Als einziger Hersteller bietet IM nach eigener Aussage spezielle Feuerwehrfahrgestelle. Mit zwei bekannten Unternehmen schloss IM kürzlich Kooperationen: mit der Feuerwehr- und Umwelttechnik Jerg GmbH in Baltringen zur Fertigung von Abrollbehältern und mit der Kässbohrer Geländefahrzeug AG in Laupheim, die exklusiv für Magirus den FireFlex mit Raupenantrieb („Löschen und Retten im Gelände“) produziert. Und als Vorausfahrzeug in Tunneln, Tiefgaragen und ähnlichen beengten Einsatzorten kann der „FireFloh“ eingesetzt werden, dessen kompaktes extrem geländegängiges Allradfahrgestell von Bombardier stammt („Traxter XL“). So verfügt Iveco Magirus

Ein Blickfang auf jeder Interschutz sind die ausgefahrenen Gelenk- und Teleskopmastbühnen Foto: Gihl

LF 10/6 von Magirus auf dem Fahrgestell IM 75 E 17 (4x2) mit tief gezogenem Koffer Foto: Thorns

sowohl über konventionelle als auch über Sonder-Fahrgestelle für alle denkbaren Einsatzanforderungen.

Im Mittelpunkt des Interesses standen natürlich die Löschgruppenfahrzeuge der neuen Normtypen LF 20/16 und HLF 20/16 nach DIN 14530-11 (Ausgabe November 2004) sowie das LF 10/6, das bereits seit Dezember 2002 als Nachfolger des LF 8/6 genormt ist. Für das LF 20/16 und HLF 20/16 werden die Fahrgestelle IM 150 E 28 (4x2) und IM 140 E 28 W (4x4) eingesetzt. Im Gerätekoffer integrierte Mannschaftsräume („Integrale") sind auf Wunsch möglich, entweder mit konventionellen Drehtüren oder mit Bus-Schwingtüren mit Panoramafenstern. Die Aufbauten werden im bewährten AluFire-System erstellt.

Eine pfiffige technische Lösung ließ sich IM einfallen, um Führerschein-Problemen zu begegnen, die insbesondere bei kleineren Feuerwehren infolge der

Ein neues Konzept von Magirus: Der „Multitrailer" besteht aus dem Zugfahrzeug Iveco Daily und einem einachsigen Auflieger. Diese Kombination erlaubt das Führen des 8750 kg schweren Zugverbands noch mit dem Führerschein der Klasse BE

Foto: Thorns

Magirus „Multistar" auf dem Fahrgestell MAN LE 18.280 ist eine Kombination von Löschfahrzeug (FP 20/10, Löschwassertank 1300 Liter) und Teleskopmast Foto: Iveco Magirus

neuen Europa-Fahrerlaubnisse aufgetreten sind. Mit der Klasse B dürfen bekanntlich nur Fahrzeuge bis 3500 Kilogramm zulässigem Gesamtgewicht (zGG) geführt werden (frühere Klasse 3: 7500 Kilogramm!), darüber ist der kostspieligere Erwerb der Klasse C erforderlich. Doch dürfen mit der Klasse BE Fahrzeuge mit Anhänger, deren zGG das 1,5-fache des Zugfahrzeugs beträgt, geführt werden. Somit ist ein Zugverband bis zu 8750 Kilogramm möglich. Diese gesetzliche Regelung nutzt der eigens entwickelte „Multi-Trailer" von Magirus aus: ein viertüriger Doppelkabiner auf Iveco Daily mit 166 PS und Sattelauflieger, der modular bestückt werden kann (TSF-W, Hilfeleistung u. a.). Magirus sieht im „MultiTrailer" sogar eine kostengünstige Alternative zum Wechselladersystem.

TSF-W	IM 80 E 17 D	
TSF-W	Iveco Daily 60 C 17 D	
TSF-W	MultiTrailer IM Daily 35 C 17 D	
LF 10/6	M 75 E 17 (4x2)	begehbarer tiefgezogener Koffer
LF 10/6	IM 100 E 21 W (4x4)	Single-Bereifung Serie
HLF 20/16	IM 140 E 28 W (4x4)	Integrierte Kabine
HLF 20/16	IM 150 E 28 (4x2)	
TLF 24/50	IM 140 E 28 W	
TroTLF 40/30-10-500 *	IM AD 190 S 31	WF Total Bitumen, Brunsbüttel
Multistar	MAN LE 18.280	FP 20/10, 1300 l Wasser
RW mit Ladebordwand	IM 140 E 28 W	LK Schweinfurt, Stadtlauringen
DLK 18-12 CS	IM 130 E 24	
DLK 23-12 GLT CS	IM 150 E 28	FF Neumarkt in der Oberpfalz
DLK 23-12 GL nB CS *	IM 150 E 28	BF Herne
DLK 23-12 CS	MB Econic 1828 LL	BF Hannover
DLK 37 CS	IM 150 E 28	
DLK 52 CC-S	IM AD 260 T 35 H	

Dieser Magirus-Rüstwagen mit Ladebordwand ist in Stadtlauringen im Landkreis Schweinfurt stationert. Fahrgestell: IM 140 E 28 W (4x4)
Foto: Thorns

Der Fahrsicherheit dienen ADM (Automatic Drive-Train Management) und CDC (Continuous Dumping Control). Bei letzterem handelt es sich um eine von ZF-Sachs entwickelte elektronische Fahrwerksregelung mit Stoßdämpferanpassung. CDC wird in der Stralis- und Trakker-Baureihe eingesetzt.

Nicht zu vergessen sind die in Italien auf konzerneigenen 6x6- und 8x8-Fahrgestellen gefertigten Flugplatzlöschfahrzeuge „Dragon". Mit Stolz gab IM anlässlich der Ausstellung bekannt, dass vom Dragon X 6 bereits 195 Exemplare, vom Dragon X 8 immerhin 42 Exemplare weltweit verkauft wurden. In Hannover wurde mit einem Dragon X 6 das erste dreiachsige Flughafenlöschfahrzeug vorgestellt, das über eine Antriebsleistung von 1000 PS verfügt.

Der „MultiStar" von Magirus, das Gegenstück zum „Multitalent" von Metz, stellt eine Kombination von Löschfahrzeug und Teleskopmast (Arbeitshöhe bis etwa 30 Meter) dar. Ausgestellt war ein „MultiStar" auf MAN LE 18.280 mit Feuerlöschpumpe FP 20/10 und 1300 Liter fassenden Löschwassertank. Ein MultiStar als Kombination von Rüstwagen und Teleskopmast ist bereits seit Anfang 2005 bei der FF Ascheberg im Dienst.*

Als traditioneller Drehleiterhersteller hatte Magirus selbstverständlich eine große Auswahl seines Programms mitgebracht: eine DLK 18-12 CS (CS= computer stabilized), eine DLK 37 CS und eine DLK 52 CC-S (jetzt ebenfalls mit Stülpkorb), dazu mehrere Standardleitern DLK 23-12, entweder auf Iveco-Magirus-Frontlenker- oder n. B.-Fahrgestell (niedrige Bauart). Aber auch eine DLK 23-12 CS auf Mercedes-Benz Econic 1828 LL (für die BF Hannover bestimmt) wurde präsentiert. Die im Jahr 2000 eingeführte Gelenk-Drehleiter DLK 23-12 GL, die sich mit bisher über 250 verkauften Einheiten sehr erfolgreich auf dem Markt behauptete, erfuhr eine nützliche Weiterentwicklung: Der Gelenkarm kann um 1200 Millimeter teleskopiert werden. Dadurch erhöhen sich Rettungshöhe und Reichweite des Gelenkteils. Die erste Drehleiter dieses Typs, der die Bezeichnung DLK 23-12 CS GL-T (Teleskop) führt, erhielt die FF Neumarkt in der Oberpfalz.

1999 erweiterte Magirus sein Programm der Hubrettungsfahrzeuge mit der „Aerial Ladder Plattform" (ALP), einer Teleskopmastbühne mit 32 Metern Arbeitshöhe. In Hannover wurde neben dem schon bekannten Modell ALP 320 erstmals auch die ALP 375 (37,5 Meter Arbeitshöhe) gezeigt. Bemerkenswert ist, dass die ALP 375 auf einem zweiachsigen 18-t-Fahrgestell (IM 180 E 28) realisiert wurde.

Abschließend sei erwähnt, dass auch zwei Drehleitern mit 25 Meter und 30 Meter Rettungshöhe der französischen Konzernmarke Camiva auf dem Iveco-Magirus-Gelände ausgestellt waren.

Die erste Drehleiter DLK 23-12 GL-T CS von Magirus geht an die FF Neumarkt in der Oberpfalz. Fahrgestell: IM 150 E 28

Foto: Thorns

Gimaex-Schmitz Fire and Rescue GmbH

Im Jahr 2005 gründeten die Firma Schmitz Feuerwehr- und Umwelttechnik und die französische Holding Gimaex International S.A.S. gemeinsam die Gimaex Schmitz Fire and Rescue GmbH. Das neue Unternehmen schloss mit dem österreichischen Feuerwehrfahrzeughersteller Marte eine Vertriebskooperation. Gimaex-Schmitz stellte in Hannover neben Gerätewagen GW-G auch zwei Drehleitern aus: eine DLK 12-9 auf Renault-Midlum-Fahrgestell und eine DLK 23-12 auf MAN 15.280 4x2 BL, die beide von

Bei der neugegründeten Firma Gimaex-Schmitz jetzt im Angebot: die „Teleskop-Rettungsbühne" MX 30 von Marte auf dem Fahrgestell Mercedes-Benz Atego 1628 F. Das Foto zeigt ein Vorführfahrzeug auf MB Atego 1528 F

Foto: Gihl

Die FF Halver erhält diesen Rüstwagen, den die Firma Gimaex/Schmitz auf MB Atego 1328 AF baute Foto: Thorns

Riffaud gebaut wurden. Vom neuen Partner Marte stammte die Teleskopmastbühne MX 30 auf Mercedes-Benz Atego 1628 F. Für die FF Halver* ist der ebenfalls ausgestellte Rüstwagen auf Mercedes-Benz Atego 1328 AF bestimmt. Einen Abrollbehälter Gefahrgut (AB-G) erhielt die FF Neu Wulmstorf.* Und ein Gerätewagen Gefahrgut, übrigens der einzige auf dem Messegelände, war für die FF Grünstadt (Rheinland-Pfalz) gebaut.

Josef Lentner Fahrzeug-Aufbautechnik GmbH

Seit der letzten Interschutz hat sich die in Gräfing bei München ansässige Firma Lentner zum Universalanbieter von Löschfahrzeugen entwickelt, der große Berufsfeuerwehren zum Kunden gewann, z. B: Frankfurt am Main und Köln.

In Hannover waren zu sehen: das LF 10/6 auf Mercedes-Benz Atego 925 AF (Singlebereifung) für die FF Westach, ein HLF 20/16 mit integrierter Kabine auf MAN TGA 18.310 4x2 BL für die FF Dornstetten und eines der 18 von der BF Frankfurt bestellten HLF 20/16 auf Mercedes-Benz Atego 1328 F mit integrierter Kabine.* Die Landesfeuerwehrschule in Celle erhielt von Lentner ein Wechselladerfahrzeug mit einem Abrollbehälter AB-Einsatzleitung auf MAN TGA 26.410 mit Hiab-Ladekran.

Rosenbauer International AG und Metz Aerials GmbH

Rosenbauer hält ein komplettes Fahrzeugprogramm vor, das sowohl deutsche und österreichische Normfahrzeuge als auch Sonderfahrzeuge für Werk- und Flugplatzfeuerwehren umfasst. Folgende Löschfahrzeuge nach DIN 14530 waren ausgestellt:

TSF-W Compactline	Renault Master PRO 160 CDI	
LF 10/6 Compactline	MAN LE 10.180	
LF 10/6 Compactline	MAN LE 10.220	FF Ilsfeld
LF 20/16	MB Atego 1328 AF	
LF 20/16	MB Atego 1528 AF	FF Höhenkirchen
HLF 20/16 ES	MAN LE 14.280	

Der neue „Panther" 8x8 MA von Rosenbauer, noch leistungsfähiger und kraftvoller im Auftritt als seine Vorgänger. Dieses erste FLF 12500/1500/1000 ist für Dubai bestimmt

Foto: Gihl

Metz-Drehleiter „L 32" DLK 23-12 auf Mercedes-Benz Atego 1528 F. Die Drehleiter verfügt über CAN-Bus-Steuerungs- und Überwachungstechnik

Foto: DaimlerChrysler

Die neuentwickelte Teleskopmastbühne B 32 mit CAN-Bus-Vernetzung zeigte Metz Aerials auf dem Fahrgestell MAN LE 18.280

Foto: Thorns

Für die WF der DOW Deutschland GmbH in Stade hatte Rosenbauer das Universallöschfahrzeug ULF 8000/2000/240-HRET auf Mercedes-Benz Actros 3246 (8x4/4) gebaut.* Es führt je 4000 Liter Wasser und Schaummittel, 2000 kg Pulver und 240 kg CO_2 mit und besitzt, ähnlich wie Flugplatzlöschfahrzeuge, einen teleskopierbaren Löscharm, über den Wasser, Schaum und Pulver abgegeben werden können.

Auf dem Stand des Werkfeuerwehrverbands war das Universallöschfahrzeug ULF 46/2000/2700-P 1000-90 der WF Henkel, Düsseldorf, zu besichtigen, das Rosenbauer auf dem MAN TGA 26.410 6x2/2 LL gebaut hatte.

In der so genannten „Königsklasse" war Rosenbauer mit mehreren Flugplatzlöschfahrzeugen vertreten, darunter mit einem FLF 12500/1500/500 „Simba" 8x8 für den Airport Frankfurt-Main (insgesamt wurden für Frankfurt fünf „Simba" und für den Flughafen Hahn drei Simba geordert).

Der „Panther" ist Rosenbauers erfolgreichstes Flugplatzlöschfahrzeug. Allein 2004 konnten nicht weniger als 77 Exemplare weltweit verkauft werden.

Viel bestaunter Star war der neue „Panther 8x8 MA" als FLF 12500/1500/1000. Er ist auf dem neuen MAN-Fahrgestell SX 40.1000 aufgebaut und der erste Panther mit Heck-Fahrmotor. Die Löschmittel betragen 12 500 Liter Wasser, 1500 Liter Schaummittel und 1000 Kilogramm Pulver. Ein separater Deutz-Motor treibt die Feuerlöschpumpe (Normaldruck 8000 l/min, Hochdruck 300 l/min) an. Die beiden mächtigen Frontwerfer und der ebenso riesige Dachwerfer verleihen diesem Panther, dessen Aufbau aus Aluminium und GfK besteht, ein außerordentlich kraftvolles Erscheinungsbild. Der erste neue Panther ist für Dubai bestimmt. Die kleinere Variante ist der „Panther 6x6 CA5", der hier als FLF 12000/1500/135 für den Airport Newcastle/GB gezeigt wurde.

Seit 2001 ist das Karlsruher Werk von Metz unter dem Namen Metz Aerials GmbH & Co. KG als Tochterunternehmen bei Rosenbauer International eingeordnet. Hier werden alle Hubrettungsfahrzeuge produziert. Metz präsentierte in Hannover diese Drehleitern:

L 20 PLC *	MB Vario 814 D	FF Celle
L 32	MAN LE 15.280 4x2 BB	FF Taunusstein-Hahn
L 39	MB Atego 1528 F	
L 53	MB Actros 2631 (6x4)	

Für die FF Bad Bevensen (Niedersachsen) baute Schlingmann ein TSF-W mit Doppelkabine auf dem Fahrgestell MAN LE 8.180 (4x2)

Foto: Thorns

Schlingmann-HLF 20/16 auf dem Fahrgestell MB Atego 1428 F Foto: Thorns

Metz hat einen neuen Rettungskorb mit vier Einstiegen entwickelt. Die Drehleitern L 32, L 39 und die neuentwickelte Teleskopmastbühne B 32 waren mit der CAN-Bus-Steuerung ausgestattet. Die DLK 12-9 LF „Multitalent" ist eine Kombination von Drehleiter und Löschfahrzeug. Die ausgestellte Multitalent auf MAN LE 15.255 LC ist bei der FF Dresden-Weixdorf stationiert.

Sein Drehleiterprogramm ergänzt Metz durch die Hubrettungsbühne B 32 mit einem dreiteiligen Hubrettungssatz mit zweifach teleskopierbarem Hubarm. Die hier gezeigte B 32 war auf einem MAN 18.285 LC aufgebaut. Die maximale Arbeitshöhe beträgt 32 Meter, die Korbbelastung 400 Kilogramm. Auch die B 32 besitzt die CAN-Bus-Steuerung.

Schlingmannn GmbH

Die Firma Schlingmann, die in diesem Jahr ihr 125-jähriges Bestehen feiern kann, kam ebenfalls mit einem Großaufgebot an Norm- und Sonderfahrzeugen nach Hannover. Es reichte vom Tragkraftspritzenfahrzeug TSF-W bis zum Flugplatzlöschfahrzeug. Das war wohl die Überraschung für viele Besucher: Auch Schlingmann, inzwischen drittgrößter deutscher Hersteller von Feuerwehrfahrzeugen, ist nun in der „Königsklasse" aktiv. Für den Werkflugzeughafen der Airbus Deutschland GmbH in Hamburg-Finkenwerder baute man ein FLF 60/100/10-P 500 auf Mercedes-Benz Actros 3358 AKE (6x6).* Die mitgeführten Löschmittelmengen betragen: 10 000 Liter Wasser, 1000 Liter Schaummittel und 500 Kilogramm Pulver. Die Feuerlöschpumpe S 6000 (FP 60/10) ist von Schlingmann neu entwickelt. Von den Normfahrzeugen waren ausgestellt:

TSF-W	MB Vario 814 DA,	
TSF-W	MAN LE 8.150 4x2 BB	mit Doppelkabine
TSF-W	MAN LE 8.180 4x2 BB	mit Doppelkabine, FF Bad Bevensen
LF 10/6	MAN LE 10.220 4x4 BB	
LF 10/6	MB Atego 815 F	
LF 10/6	MB Atego 925 AFE	Single-Bereifung
LF 20/16	MAN LE 14.250 4x4 BB	
HLF 20/16	MB Atego 1428 F	
TLF 20/40 S	MAN LE 18.280	FF Schüttorf
RW-Kran*	MAN LE 14.280 4x4 BB	FF Meppen

Für die FF Schüttorf (Niedersachsen) baute Schlingmann dieses TLF 20/40 S nach künftiger Norm. Es besitzt außerdem eine Pulverlöschanlage PLA 250. Fahrgestell: MAN ME 18.280 Foto: Thorns

Die Aufbauten sind in QuadraLine (Aluminium- bzw. Vollkunststoffaufbau) oder Quadra-VA (Edelstahlaufbau), meist in Tiefbauweise, gefertigt. Weiterhin von Feuerwehren in Niedersachsen geordert: das Tanklöschfahrzeug TLF 8/18 nach Technischer Weisung Nr. 14 auf Mercedes-Benz Unimog U 3000.

Albert Ziegler GmbH & Co KG

Der größte deutsche Hersteller von Feuerwehrfahrzeugen und bedeutender Ausrüster bietet ebenfalls ein Komplettprogramm vom KLF und TSF-W bis zum Flugplatzlöschfahrzeug. Diese Normfahrzeuge waren auf dem Ziegler-Gelände ausgestellt:

Weitere bemerkenswerte Fahrzeuge waren ein KTLF auf Mercedes-Benz Vario 815 DA, ein TLF 10/0,7 auf Scam AMT 55.3/4, ein Waldbrand-LF auf Unimog U 5000 (Madrid) und ein Flugplatzlöschfahrzeug FLF 80/125-10 „Z 8" für den Flughafen Zürich.

Ein Highlight auf dem Ziegler-Stand: das Teleskopmastfahrzeug TMF 53 Bronto Skylift F 53 RL der BF Hamburg auf MAN TGA 26.413 FDLC mit Ziegler-Pumpe FPN 15-3000 und -Aufbauten.*

Auf dem Stand des Werkfeuerwehrverbands war das von Ziegler bei seiner holländischen Tochterfirma für die WF Ruhröl GmbH gebaute Universallöschfahrzeug ULF 65/400/200-P 1000* zu besichtigen. Es wurde ein dreiachsiges MAN-Fahrgestell vom Typ

ELW 1	Sprinter 313 CDI	FF Straubing
KLF	Sprinter 313 CDI	
TSF (Doka)	Sprinter 313 CDI	
TSF-W	MAN LE 8.150 4x2 BB	
LF 10/6	MAN LE 10.220 4x4 BB	
LF 10/6	MB Atego 818 F	
LF 10/6	MB Atego 925 AF	
LF 20/16	MB Atego 1328 AF	
HLF 20/20 *	MAN LE 14.280 4x2 LL	mit integrierter Kabine, BF Leipzig
GW-L1 *	MB Atego 925 AF	FF Lengerich

26.414 FNLLC verwendet. Die Löschmittel umfassen 4000 Liter Wasser, 2000 Liter Schaummittel, 1000 Kilogramm Pulver und 200 Kilogramm CO_2. Als Besonderheit sind eine Gaswarnanlage und eine Wassersprüheinrichtung vorhanden, die im Gefahrfall den gesamten Aufbau „einhausen" kann.

Drei Abrollbehälter rundeten das Ziegler-Aufgebot ab: der AB-Rüst/Gefahrgut für die FF Unterhaching, der AB-Wasser der BF Salzgitter und der AB-Atemschutz/Strahlenschutz des LK Garmisch-Partenkirchen.

Das bewährte Alpas-System (Aluminium Paneel) wurde ausgebaut und ist jetzt als Alpas Compact für TSF-W und LF 10/6 lieferbar. Das neue Ziegler Optimierte Rolladensystem (ZOR) nimmt keinen Platz im Gerätekoffer mehr weg, da die Aufwickelmechanik

Löschgruppenfahrzeug LF 20/16 nach neuer DIN 14530-11 von Ziegler mit Aluminium-Paneel-Aufbau und Ziegler Multifunktions-Steuerung. Fahrgestell: MB Atego 1328 AF
Foto: DaimlerChrysler

Ziegler baute als erster Hersteller ein Tanklöschfahrzeug TLF 20/40 S nach künftiger Norm auf dem neuen Fahrgestell Axor 1833 AK von Mercedes-Benz. Die mitgeführten Löschmittel betragen 4800 Liter Wasser und 500 Liter Schaummittel. Zusätzlich ist eine Druckluftschaumanlage Power-Foam-PRO eingebaut
Foto: DaimlerChrysler

Ihr erstes HLF 20/16 nach deutscher Norm baute BAI für die FF Limburg/Lahn. Fahrgestell: MAN 14.280 Foto: Thorns

auf das Dach verlegt ist. Die neue Ziegler Multifunktions-Steuerung (ZMS) vereinfacht die Bedienung durch den Maschinisten.

Einige der ausgestellten Löschfahrzeuge entsprachen der bereits 2003 vorgestellten „Ziegler Modulare Technologie" (ZMT). ZMT ist keine Modellbaureihe, sondern die Zusammenfassung von 13 Komponenten (am augenfälligsten sind die integrierten tropfenförmigen Blaulichter!), die auch einzeln geordert werden können.

Die Ziegler-Partner Vogt AG in Oberdiessbach/Schweiz und Seiwald in Oberalm/Österreich stellten Löschfahrzeuge nach jeweiliger Landes-Norm aus, die Alpas-Aufbauten besitzen. Und die Ziegler-Tochter Visser Carrosserie BV in Leeuwarden/Niederlande, die im Hause Ziegler für Rettungsdienstfahrzeuge zuständig ist, zeigte KTW und RTW auf Mercedes-Benz-Basis.

Weitere Hersteller

Verschiedene kleinere Aufbauhersteller in Deutschland wie Empl Fahrzeugwerk GmbH in Elster, Harz Brandschutz und Fahrzeugtechnik in Bitburg, H&E GmbH in Karlsruhe und Johannes Heines-Wuppertal GmbH Nachfolger in Düsseldorf waren ebenfalls, wenn auch nur mit wenigen Exponaten vertreten. Die Borco-Höhns GmbH in Rotenburg/Wümme baute einen ELW 2 auf Iveco Stralis 310 mit beidseitig ausschiebbarem Aufbau für den Landkreis Düren.

Bemerkenswert: Die italienische Firma BAI Brescia Anticendi International, die zur amerikanischen Muttergesellschaft Oshkosh gehört, baute ein HLF 20/16 auf MAN 14.280 für die FF Limburg/Lahn. Bei dieser ersten Lieferung nach Deutschland wird es nicht bleiben, mindestens vier weitere Feuerwehren, darunter zwei Berufsfeuerwehren, haben bei BAI Fahrzeuge bestellt.

Bronto Skylift

Der finnische Hersteller ist seit einigen Jahren unbestrittener Marktführer von Teleskopmastbühnen (TMB) in Europa und exportiert erfolgreich weltweit. Die in Hannover ausgestellten TMB boten Arbeitshöhen von 22 Meter bis 90 Meter („Above all").

Die TMB F 90 HLA war die höchste auf der Interschutz. Neu ist die Baureihe RLX, die sich durch kompaktere Bauweise auszeichnet.

Es waren ausgestellt:

TLK 23-12	MB Econic 1828 LL	FF Schöningen
F 22 ALR	Scania P 310	
F 22 ALR	MB Axor 1833	
F 32 RL	Volvo	
F 34 RLX	Scania P 420	
F 36 RLH	Scania P 340	Norköping
F 37 RL *	MB Econic	WF Boehringer, Ingelheim
F 44 RLX	MB Axor1828	
F 53 RE	MAN 35.360	
F 53 RL	MAN 26.413 FDLC	BF Hamburg, auf Ziegler-Stand
F 54 RLX	Scania 124 G	St. Pölten
F 60 RLX	Scania 124 G	
F 90 HLA	MB Actros 4150	„Above All"

Die FF Schöningen erhielt 2005 diese Teleskopmastbühne TLK 23-12 von Bronto Skylift. Sie ist auf dem Mercedes-Benz Econic 1828 LL aufgebaut
Foto: DaimlerChrysler

Vema Lift Oy

Der finnische Hersteller von Teleskopmastbühnen Vema, der 2003 mit der Firma Schlingmann einen Kooperationsvertrag schloss, zeigte fünf Hubrettungsbühnen (HRB) mit Arbeitshöhen von 28 Meter und 32 Meter. Zwei HRB 283 TFL auf Scania P 94 GB, je eine HRB 323 TFL auf MAN 18.280 und Mercedes-Benz Atego 1833 L sowie eine HRB 333 TFL auf Mercedes-Benz Econic 2633 LL (6x2/4 NLA) für die holländische Feuerwehr Meppel.

DaimlerChrysler AG

DaimlerChrysler stellt auf seinem Stand üblicherweise Musterfahrzeuge der deutschen Aufbauhersteller aus, die Fahrgestelle seiner Konzernmarke Mercedes-Benz verwenden, in diesem Jahr Metz, Rosenbauer, Schlingmann und Ziegler:

LF 10/6	Atego 818 F	Ziegler
LF 10/6	Atego 925 AF	Rosenbauer
LF 20/16	Atego 1225 AFE	Schlingmann
HLF 20/16	Atego 1328 AF	Ziegler
TLF 20/40 S	Axor 1833 AK *	Ziegler-Prototyp (1. Axor)
SLF	Actros 3340 (6x4)	Ziegler (Export China)
L 32	Atego 1528 F	Metz
TLK 23-12	Econic 1833 LL	Bronto Skylift

Außerdem zeigte der Konzern aus seinen Pkw-Baureihen einen C 220 CDI und einen B 180 CDI als Notarzt-Einsatzfahrzeug (NEF), ein weiteres NEF auf dem ML 320 CDI, einen ELW 1 auf der Basis des Vito 115 CDI, ein Mehrzweckfahrzeug (MZF) auf Sprinter 313 CDI und – wohl eher als Gag – einen „First Responder" auf dem Smart forfour CDI passion. Dessen Dreizylinder-Dieselmotor leistet 50 kW (68 PS). Den Ausbau nahm die Firma Auto-Service Mosolf vor.

Zwischen den beiden bewährten Baureihen Atego und Actros ist seit neuestem der „Axor" (bisher nur als Sattelzugmaschine angeboten) in der Gewichtsklasse von 18 t bis 26 t angesiedelt, der Atego deckt jetzt die Gewichtsklasse von 6,5 t bis 16 t ab. Ein Axor 1833 AK wurde von Ziegler erstmals für den Prototyp des TLF 20/40 S (Nachfolger des TLF 24/50) verwendet. Es ist in Modulbauweise erstellt: Gerätemodul Alpas, Tankmodul GfK, Pumpenmodul Alpas. Löschmittel: 4800 Liter Wasser, 500 Liter Schaummittel und CAFS-Anlage mit Power Foam-Pro Zumischeinrichtung. Auf dem Freigelände von Bronto Skylift fand man zwei weitere Axor, und zwar als Träger für Teleskopmastfahrzeuge dieser Firma. Alle Lkw-Baureihen besitzen die neuen Klarglasscheinwerfer.

Ein Smart Forfour in schwarz-weißem Outfit als „First Responder". Sein Dreizylinder-Dieselmotor leistet 50 kW
Foto: Gihl

Die neue B-Klasse von Mercedes-Benz eignet sich auch für Notarzt-Einsatzfahrzeuge. Der B 180 CDI in Polarsilber mit roter Folienbeklebung hat einen Vierzylinder-Dieselmotor mit einer Leistung von 80 kW
Foto: Gihl

MAN Nutzfahrzeug AG

Die MAN wartete mit drei neuen Fahrgestellen auf. Das neue vierachsige Fahrgestell SX 40.1000 wurde, wie oben beschrieben, von Rosenbauer bereits zum Bau eines Flugplatzlöschfahrzeugs verwendet. Die neue leichte Baureihe TGL mit zulässigen Gesamtgewichten von 7,5 t bis 12 t tritt an die Stelle der Baureihe L 2000. Das erste TGL-Fahrgestell, Typ 12.210, wurde von MAN-Wittlich zum Bau eines Gerätewagen Logistik (GW-L) verwendet. Bei seiner bekannten Baureihe TGA bietet MAN mit dem „HydroDrive" einen zuschaltbaren Allradantrieb, der – ungewöhnlich und bisher einzigartig – über hydraulisch angetriebene Radnabenmotoren in den Vorderrädern verfügt.

* so gekennzeichnete Fahrzeuge sind im Kapitel „Neuheiten 2004 und 2005" (ab Seite 5) abgebildet

Neuheiten international

von Wolfgang Rotter und Jochen Thorns

Das Jahr 2005 war das Jahr der INTERSCHUTZ, der internationalen Leitmesse für den Feuerwehr- und Katastrophenschutzbereich. Natürlich nutzten auch die nationalen wie internationalen Hersteller von Feuerwehrfahrzeugen die Messe, um ihre neuesten Fahrzeuge und Entwicklungen zu präsentieren. Daher waren auf dem Hannoveraner Messegelände auch viele Fahrzeuge zu sehen, die für Feuerwehren im europäischen Ausland bestimmt waren. Die interessantesten Ausstellungsobjekte zeigen wir am Anfang dieses Beitrages.

Außerdem ist es dank der Mithilfe der zahlreichen Fotografenfreunde wieder gelungen, einen breiten Querschnitt neuer Einsatzfahrzeuge ausländischer Feuerwehren zu zeigen. Der Schwerpunkt liegt dabei diesmal auf Frankreich und – wie schon im vergangenen Jahr – auf Dänemark. In beiden Ländern haben die Feuerwehren wiederholt technisch wie optisch interessante Fahrzeuge neu in Dienst gestellt. Als neue Fahrzeuge werden dabei alle Fahrzeuge bezeichnet, die bei Redaktionsschluss im Sommer 2005 vor nicht mehr als zwei Jahren in Dienst gestellt worden sind.

Wie immer reicht der Platz in diesem Kapitel naturgemäß nicht aus, um auch nur einen annähernd kompletten Überblick über die Fahrzeugentwicklungen der europäischen Feuerwehren geben zu können. Die getroffene Bildauswahl kann daher immer nur punktuell Fahrzeuge vorstellen. Ein besonderer Dank für die Unterstützung gilt Olaf Huth, Hans-Joachim Profeld und Dirk Wieczorek (alle Deutschland), Henri de Beul (Belgien) sowie Thomas Hörl (Österreich).

Waldbrandtanklöschfahrzeug WTLF 20/35-0,5, MB Unimog 5000, BF Madrid, Aufbau: Ziegler (Spanien), Baujahr: 2005, Pumpe: FPN 10-2000, Wassertank: 3500 l, Schaummitteltank: 50 l, elektrische HD-Druckzumischanlage Dosiflor NPI-5, Besatzung: 1/6

Foto: Jochen Thorns

Teleskopmastbühne TMB 54, Scania 124 G420, FF Sankt Pölten-Stadt, Aufbau: Bronto-Skylift (Typ: F 54 RLX), Baujahr: 2005, Arbeitshöhe: 54 m, Korblast: 540 kg, Mannschaftskabine: serienmäßige Scania-Crew-Cab. Es handelt sich um eine der ersten TMB des neu vorgestellten Typs RLX

Foto: Jochen Thorns

TLF-A 2000, IM 140 E 24 W, Landesfeuerwehrschule Tirol, Aufbau: Lohr-Magirus, Baujahr 2005, Pumpe: FP 24/10+2,5/40, Wassertank: 2000 l, Wasserwerfer, Besatzung: 1+8

Foto: Jochen Thorns

TLF-A 2000-200, MAN LE 16.280 (4x4), FF Hippach, Aufbau: Empl, Baujahr: 2005, Pumpe: FP 20/10+2,5/40, Wassertank: 2300 l, Schaummitteltank: 200 l

Foto: Jochen Thorns

SRF-AK (Schweres Rüstfahrzeug mit Allradantrieb und Kran), Steyr LE 18.280, FF St. Johann (Tirol), Aufbau: Empl, Baujahr: 2005, Rotzler-Seilwinde 50 kN, Hiab-Ladekran XS 122-5 HIPRO, fest eingebauter 30-kVA-Generator, Lichtmast (4 x 1000 W). Das Fahrzeug ist Teil eines 18 SRF umfassenden Auftrages des Landes Tirol

Foto: Jochen Thorns

TLF, MAN LE 14.250, Brandweer s'-Gravendeel, Aufbau: HDS, Baujahr: 2005, Pumpe: Godiva, Wassertank: 1500 l, Mannschaftskabine von MAN-Wittlich, ZF-Automatikgetriebe Foto: Jochen Thorns

TMB 33, MB Econic 2633 LL 6x2/4 NLA, Brandweer Meppel, Aufbau: Vema (Typ: TFL 333), Baujahr: 2005, Korbwerfer 3850 l/min, Atemluftversorgung im Arbeitskorb Foto: Jochen Thorns

MGV (Mobiler Groß-Ventilator), MAN LE 10.220 (4x4), FF Oensingen, Aufbau: BIG-Tempest/Vogt, Baujahr 2005. Luftleistung: 225.000 m^3/h. Der Antrieb des Überdruckbelüfters erfolgt durch einen 119-kW-Viertaktmotor. Das Fahrzeug wurde von der Solothurn-Gebäude-Versicherung (SGV) beschafft Foto: Jochen Thorns

TLF 30/30-3, Scania P 114 CB (4x4), FF Aarau, Aufbau: Brändle, Baujahr: 2004, Pumpe: FP 30/10+3/40 (Godiva), Wassertank: 3000 l, Schaummitteltank: 300 l, Foa-m-ix-III-Zumischeinrichtung, Jomos-Höchstdruck-Wasserlöschanlage (80 – 140 bar), fest eingebauter, hydrostatisch angetriebener 10-kVA-Generator, zulässiges Gesamtgewicht: 18.000 kg Foto: Jochen Thorns

TMB 33, MAN TGA 26.430, Fw. Aosta-Tal, Aufbau: BAI, Baujahr: 2005. Die Teleskopmastbühnen für BAI werden exklusiv von der Firma Ikarus gebaut
Foto: Jochen Thorns

City Fire Truck (TLF 45 W), MB Atego 1425 AF, Feuerwehr Libyen, Aufbau: Schlingmann, Baujahr: 2005, Pumpe: FPN 10-3000 + FPH 40-250 (Schlingmann), Wassertank: 4200 l, Schaummitteltank: 800 l, fest eingebauter Turbozumischer. Es handelt sich um das erste Fahrzeug eines 21 Fahrzeuge umfassenden Großauftrages
Foto: Jochen Thorns

PSE (Premier secours évacuation), Renault Midlum 180, BF Paris, Aufbau: Sides, Indienststellung: 2003, Pumpe: FPN 15-1000, Wassertank: 1000 l. Das Fahrzeug führt nicht nur die Ausrüstung für die Brandbekämpfung mit, sondern verfügt auch über einen Behandlungsraum für die medizinische Versorgung Foto: Jochen Thorns

FPT (Tanklöschfahrzeug), MAN LE 14.250, Fw. Portault-Combault, Aufbau: Camiva, Baujahr: 2004, Pumpe: FPN 15-2000, Wassertank: 3000 l, Schaummitteltank: 200 + 50 l, Zumischeinrichtung. Die Mannschaftsraumkabine stammt von Saint-Aubert Foto: Jochen Thorns

VSR (Rüstwagen für Verkehrsunfälle), MAN LE 8.180, Fw. Portault-Combault, Aufbau: Beamex, Baujahr: 2004, fest eingebauter 20-kVA-Generator, zwei Einpersonen-Haspeln am Heck. Lackierung in RAL 3024! Foto: Jochen Thorns

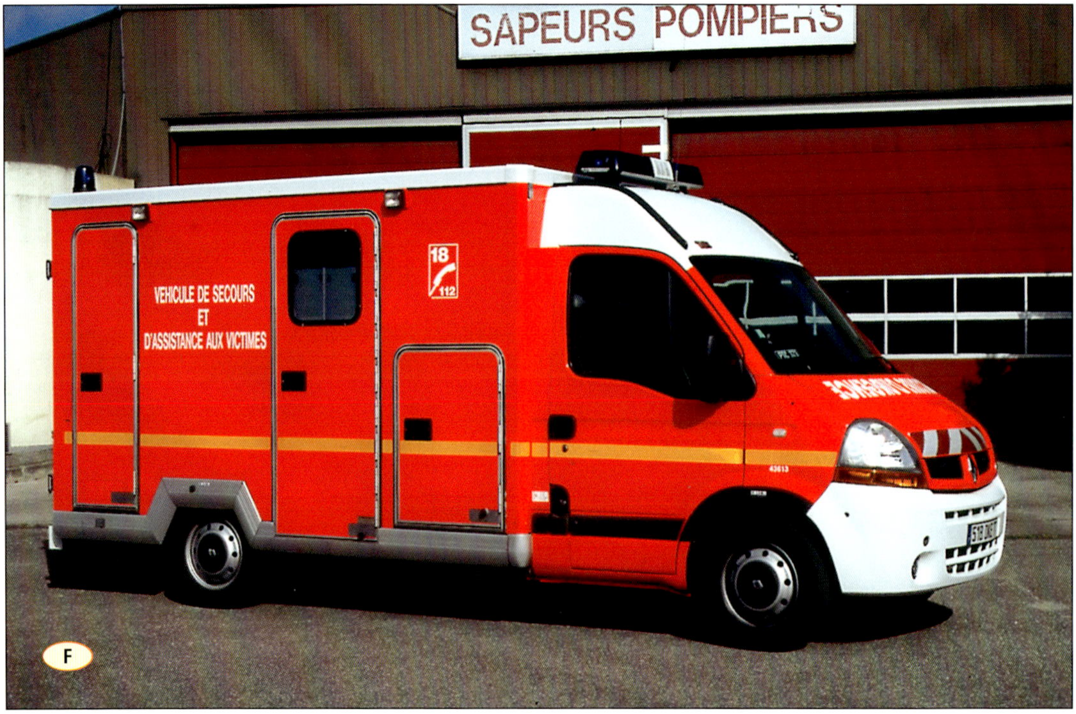

VSAV (Rettungswagen), Renault Master 120 dCi, Fw. Portault-Combault, Aufbau: TiB, Baujahr: 2004, Lackierung in RAL 3024! Foto: Jochen Thorns

VSMI (Véhicule Secours Médical Infirmier), Renault Trafic 100 dCi, Fw. Portault-Combault, Eigenausbau, Baujahr: 2003. Es handelt sich um ein mit einer speziell ausgebildeten Intensivkrankenschwester besetztes Rettungsdienst-Einsatzfahrzeug

Foto: Jochen Thorns

CCF 3000 (Waldbrandtanklöschfahrzeug), MAN LE 18.220 (4x4), Fw. Tournan-en-Brie, Aufbau: Camiva, Baujahr: 2004, Pumpe: FPN 15-3000, Wassertank: 3000 l, Warn-Seilwinde

Foto: Jochen Thorns

VID (Kleinalarmfahrzeug/Mehrzweckfahrzeug), Renault Kangoo dCi 7.0, BF Paris, Eigenausbau, Baujahr 2003

Foto: Jochen Thorns

EPSA 25 (Halbautomatische Drehleiter 25 m), Renault Midlum 220 Cdi, BF Paris, Aufbau: Riffaud, Baujahr: 2003

Foto: Jochen Thorns

GW-CCS (Coldcut-System „Cobra"), Toyota Hilux 2.4 TD, BF Prag, Ausbau: Cobra, Indienststellung: 2003. Das Fahrzeug führt ein Hochdrucklöschgerät „Cobra" mit

Foto: Jochen Thorns

ELW, Ford Ranger, Innenministerium/Brandschutz-Abteilung Prag, Eigenausbau, Indienstellung: 2003, Warn-Seilwinde. Es gibt drei baugleiche Fahrzeuge, die als ELW für überregionale SAR-Teams im Katastropheneinsatz vorgesehen sind

Foto: Jochen Thorns

FLF 12000-1500-250 „Panther FL“, Freightliner FL 33.665 (6x6), WF Flughafen Prag, Aufbau: Rosenbauer, Indienstellung: 2004, Pumpe: FP 60/10 (Rosenbauer R 600), Wassertank: 12.000 l, Schaummitteltank: 1500 l, Pulverlöschanlage: 250 kg

Foto: Jochen Thorns

RIV (Vorauslöschfahrzeug), VW T5 TDI, WF Flughafen Prag, Ausbau: Sehat, Baujahr: 2003, Rosenbauer-Hochdrucklöschanlage mit 230 l Wasser und 20 l Schaummittel. Das Fahrzeug ist v. a. für den Einsatz in Parkhäusern vorgesehen

Foto: Jochen Thorns

TMB 32, MB Atego 1833, FF Bad Hofgastein (Salzburg), Aufbau: Magirus (Typ: ALP 320 L)/Lohr-Magirus (Podium), Baujahr: 2005. Besonderheiten: spezielle lange Abstützung, hochgezogenes Podium, 10 m Schnellangriffseinrichtung im Rettungskorb, Eisschuhe für die Abstützung
Foto: Jochen Thorns

TMB 32, MAN LE 18.280, FF Alkoven (Oberösterreich), Aufbau: Magirus (Typ: ALP 320 L), Baujahr: 2004. Besonderheiten: rollstuhlgerechter Korb, Korbkamera, Atemluftversorgung zum Korb. Es handelt sich um ein ehemaliges Vorführfahrzeug
Foto: Jochen Thorns

KDO (Kommandowagen), VW Golf TDI, Landesfeuerwehrverband Oberösterreich, Eigenausbau, Baujahr: 2004. 66-MkW-Turbodieselmotor
Foto: Jochen Thorns

TLF 500, Renault Master 160 dCi, Vorführfahrzeug, Aufbau: Rosenbauer, Baujahr: 2005, Pumpe: Hochdruckpumpe FP 1,5/34, Wassertank: 800 l, akkubetriebener Hilfeleistungssatz, Besatzung 1/5, Lichtmast (4 x 1000 W), tragbarer 13,2-kVA-Stromerzeuger. Das nach einer Richtlinie des Landesfeuerwehrverbandes Steiermark gebaute Fahrzeug war eines der ersten Fahrzeuge mit dem neuen, im März 2005 von Rosenbauer vorgestellten Aufbau der Reihe „CompactLine"
Foto: Jochen Thorns

TLF-A 1000, MAN LE 12.250, FF Lassnitz (Steiermark), Aufbau: Empl, Baujahr: 2004, Pumpe: FP 16/10 (Empl), Wassertank: 1000 l. Ausstattung: serienmäßige MAN-Doppelkabine, Lichtmast (4 x 1000 W), tragbarer Stromerzeuger, Überdruckbelüfter

Foto: Thomas Hörl

HLF (Hilfeleistungsfahrzeug – entspricht einem KlAF), MB Vario 815 D, BF Salzburg, Aufbau: Rosenbauer, Baujahr: 2004. Das Fahrzeug bietet Platz für vier Einsatzkräfte und führt Gerätschaften für technische Kleineinsätze mit (Öl- und Wasserschaden, Tierrettung, Verkehrsabsicherung)

Foto: Thomas Hörl

WLF, MB Actros 1848, FF Puchheim (Oberösterreich), Aufbau: Eigenbau unter Verwendung eines Hakengeräts von Berger-Multilift (Typ LHT 150) und eines Ladekrans von Berger-HIAB (166 E-5 HIPRO), Indienststellung: 2004. Der AB-Tank stammt von der Firma Gföllner (Grieskirchen), der Innenausbau erfolgte in Eigenleistung. Im AB-Tank werden mitgeführt: 2 x 1000 l Wassertank (Betrieb durch Elektropumpe), Stromerzeuger, Armaturen, zwei C-Schlauchtragekörbe, 60 l Schaummittel, Rettungstrage, Handwerkzeug und umfangreiches Kranzubehör sowie ein Arbeitskorb für drei Personen Foto: Thomas Hörl

SRFK-A (Schweres Rüstfahrzeug-Kran mit Allradantrieb), Scania 114 C 380, FF Golling (Salzburg), Aufbau: Rosenbauer, Baujahr 2003. Fest eingebauer 30-kVA-Stromerzeuger, Palfinger-Ladekran (PK 16502), Lichtmast (4 x 1000 W), Seilwinde 80 kN

Foto: Thomas Hörl

DLK 23-12 CS, MAN LE 15.280, FF Kitzbühel (Tirol), Aufbau: Magirus, Baujahr: 2004
Foto: Hans-Joachim Profeld

SRF (Schweres Rüstfahrzeug), MB Unimog 500, FF Rankweil (Vorarlberg), Aufbau: Marte, Baujahr 2004. Palfinger-Ladekran PK 23002, Seilwinde 50 kN
Foto: Hans-Joachim Profeld

DLK 23-12 CS GL, IM 150 E 28, FF St. Johann (Tirol), Aufbau: Magirus, Baujahr 2004. Es handelt sich um die erste DLK 23-12 CS GL auf dem neuen Fahrgestell in Österreich
Foto: Hans-Joachim Profeld

TLF-A 3000, Volvo F 12 340, FF Seefeld (Tirol), Aufbau: Lohr-Magirus, Baujahr 2004, Pumpe: FP 24/20+2,5/40, Wassertank: 3000 l, Lichtmast (4 x 1000 W), Wasserwerfer, Besatzung 1/8, Lackierung in RAL 3024
Foto: Hans-Joachim Profeld

TLF, Scania P 124 CB (4x4), BF Zürich, Pikett Glattal, Aufbau: Rusterholz, Baujahr 2005, Pumpe: FP 28/8+3/40 (Magirus), Wassertank: 2680 l, Lichtmast (3 x 1000 W), seitlich abschwenkbare Leiterentnahmehilfe
Foto: Hans-Joachim Profeld

GW, VW LT 46, FF Stekene, Eigenausbau, Baujahr: 2005
Foto: Henri de Beul

VRW, MB Sprinter 413 CDI, FF Stekene, Ausbau: Vanassche, Baujahr: 2004, Hochdrucklöschanlage (40 l/min bei 60 bar, 200 l Wassertank), Beladung: Hilfeleistungsgeräte für den Einsatz bei Verkehrsunfällen
Foto: Henri de Beul

TMB 18, MAN 8.163 LAEC, FF Stekene, Aufbau: Sea & Car Motors/Esda (Typ: TG 1950 EG), Indienststellung: 2004. Es handelt sich um ein Gebrauchtfahrzeug
Foto: Henri de Beul

MTW, Ford Transit 300 M 2.0 TD, Fw. Sint Niklaas, Eigenausbau, Baujahr: 2004
Foto: Henri de Beul

TLF, MB Atego 1428 F, Brandweer Edegem, Voorpost Lint, Aufbau: Vanassche, Baujahr: 2004, Pumpe: FP 20/8+2,5/40, Wassertank: 2500 l. Es handelt sich um die neueste Version des vom Innenministerium beschafften TLF
Foto: Dirk Wieczorek

TW 13000, MB Actros 2636 L, FF Büllingen, Aufbau: Vanassche, Baujahr: 2004, Pumpe: FP 10/10, Wassertank: 13.000 l. Es handelt sich um die neueste Version des von Innenministerium beschafften großen Tankwagens. Weiterhin gibt es noch eine kleine Version mit 8000-l-Wassertank
Foto: Dirk Wieczorek

TW 8000, Volvo FM 9-12, Brandweer Heusden-Zolder, Aufbau: Fire-Technics, Baujahr: 2004, Pumpe: 1750 l/min, Wassertank: 8000 l
Foto: Dirk Wieczorek

RW, MB Atego 1225 F, Brandweer Tielt, Aufbau: Somati (Aufbau)/ Vanassche (Kabine), Baujahr: 2004. Lieferung durch das Innenministerium
Foto: Dirk Wieczorek

MZF, Land Rover Defender 130 TD 5, Brandweer Heusden-Zolder, Voorpost Tessenderlo, Eigenbau, Baujahr: 2004
Foto: Dirk Wieczorek

MZF, Ford Tourneo Connect, Brandweer Maaseik, Eigenbau, Baujahr: 2005
Foto: Dirk Wieczorek

SLF, MB Atego 1628 AF, Brandweer Terneuzen, Aufbau: Ziegler (Niederlande), Baujahr: 2003. Pumpe: FP 25/8, Wassertank: 5000 l, Schaummitteltank: 1000 l, Drukkluftschaumanlage. Das Fahrzeug wurde v. a. für den Brandschutz im Westerscheldetunnel beschafft
Foto: Dirk Wieczorek

WLF, MB Actros 3543 L, Brandweer Terneuzen, Aufbau: VDL/Palfinger, Baujahr: 2003. Aufgesattelt ist ein AB-Pumpen mit einer 20.000 l/min fördernden Pumpe (Kuiken-HSP, Baujahr 2001)
Foto: Dirk Wieczorek

TLF, MB Atego 1628 AF, Brandweer Montferland, Post Didam, Aufbau: Ziegler (Niederlande), Baujahr: 2005, Pumpe: FP 28/8+2,6/40, Wassertank: 4000 l
Foto: Dirk Wieczorek

TLF, DAF LF 55.250-13CE365, Brandweer Doetinchem, Aufbau: Rosenbauer (ES-Serie), Baujahr: 2004, Pumpe: FP 30/10,+2,5/40, Wassertank: 1600 l
Foto: Dirk Wieczorek

GW/SW, MB Vario 818 D, Brandweer Bronckhorst, Post Steenderen, Aufbau: Rosenbauer, Baujahr: 2005. Im Fahrzeug werden 1000 m B-Schlauch mitgeführt
Foto: Dirk Wieczorek

TMB 32, MAN 18.285, BF Tårnby, Aufbau: Bronto-Skylift (Typ: F 32 RL), Baujahr: 2003. 20-m-Schnellangriffseinrichtung im Arbeitskorb

Foto: Olaf Huth

TMB 32, Scania P 94 GB 300, Nordsjællands Brandvæsen, Feuerwache Helsingør, Aufbau: Vema (Typ: TFL 323), Baujahr: 2003, fest eingebauter 6-kVA-Generator

Foto: Olaf Huth

TMB 32, Scania 94 D 310, FF Tønder, Aufbau: Bronto-Skylift (F 32 RL), Baujahr: 2004, Korbwerfer (Durchfluss 2400 l/min). Das Fahrzeug ersetzt eine Anhängerleiter AL 18 Foto Olaf Huth

GW (Servicevogn), VW T5, Falck Vejle, Ausbau: SAWO/HFN/Falcks Centralwerkstatt Århus, Baujahr: 2004. Es handelt sich um das erste Fahrzeug dieses Typs Foto: Olaf Huth

VLF (HSE/Hurtig-Sluknings-Enhed), Mitsubishi L 200 2,2 Strada, BF Roskilde, Aufbau: Ringe Karosserie/Fireexpress, Indienststellung: 2004, Hochdrucklöschanlage, Wassertank: 200 l
Foto: Olaf Huth

HLF, MB Atego 1325 F, FF Agerskov, Aufbau: Ringe Karosserie (Typ: RK 2400-AT II, Lizenz Rosenbauer), Baujahr 2004, Pumpe: NH 30 (Rosenbauer), Wassertank: 2000 l, Schaummitteltank: 100 l
Foto: Olaf Huth

HLF, Scania 94 D 260, FF Sommersted, Aufbau: Apollo, Baujahr: 2003, Pumpe: FP 16/8 (Ziegler), Wassertank: 3000 l, Schaummitteltank: 100 l, Lichtmast (3 x 500 W). Beladung: zwei tragbare Stromerzeuger (4,6 und 2,6 kVA), eine Rettungssäge, Bahnerdungssatz, 6 Pressluftatmer, Defibrillator

Foto: Olaf Huth

ELW 1, Volvo S 40 2,4, BF Odense, Eigenausbau, Baujahr 2004. Es handelt sich um das Dienstfahrzeug des Amtsleiters

Foto: Olaf Huth

ELW 1, Mitsubishi Outlander, Fw. Sønderborg, Eigenausbau, Baujahr: 2004 Foto: Olaf Huth

Mobiles-Kommunikations-Modul (MKM), entspricht einer Mischung aus ELW 1 und ELW 2, MB Sprinter 313 CDI, Beredskabscenter (KatS) Sydjylland Haderslev, Ausbau: Werkstatt Beredskabsstyrelsen Næstved, Baujahr: 2004. Die dänische Katastrophenschutzbehörde beschaffte fünf Fahrzeuge dieses Typs für ihre Bereitschaftscenter Foto: Olaf Huth

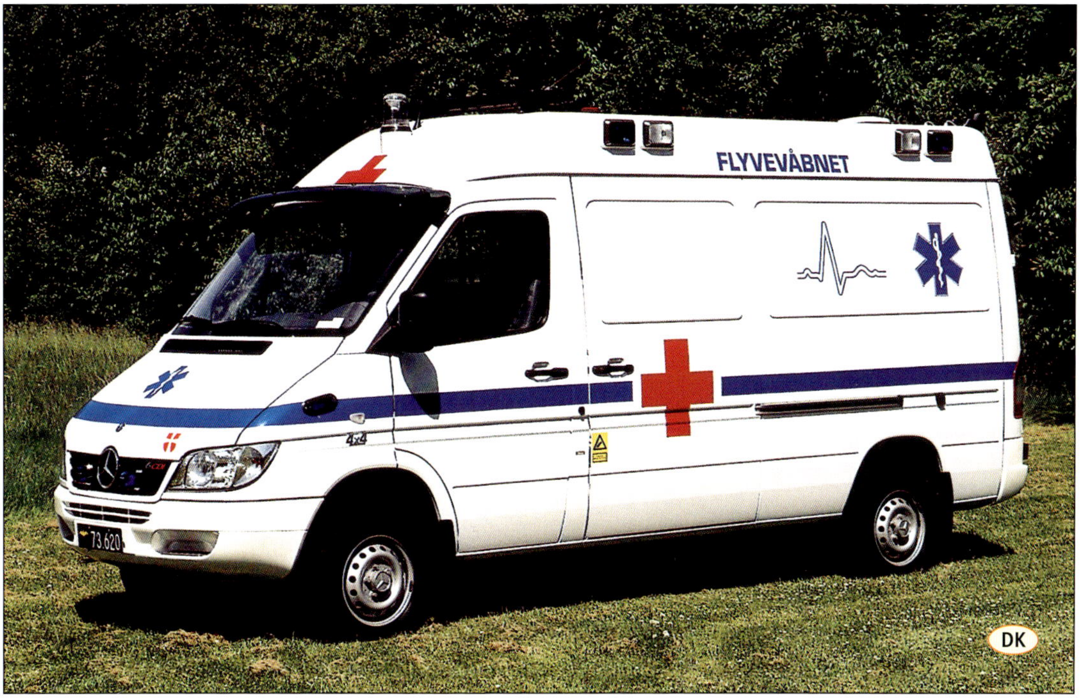

RTW, MB Sprinter 316 CDI 4x4, Rettungswache Militärflughafen Skrydstrup, Ausbau: Haarby Karosseriefabrik, Baujahr: 2004. Bis Redaktionsschluss wurden sieben solcher Fahrzeuge an die dänische Luftwaffe ausgeliefert Foto: Olaf Huth

RTW, MB Sprinter 316 CDI, Falck Sønderborg, Ausbau: AMZ, Baujahr: 2004. Es handelt sich hierbei um einen Prototypen von einem polnischen Aufbauhersteller, der Vorbild für eine größere Beschaffungsserie war. Im Patientenraum gibt es eine Klimaanlage Foto: Olaf Huth

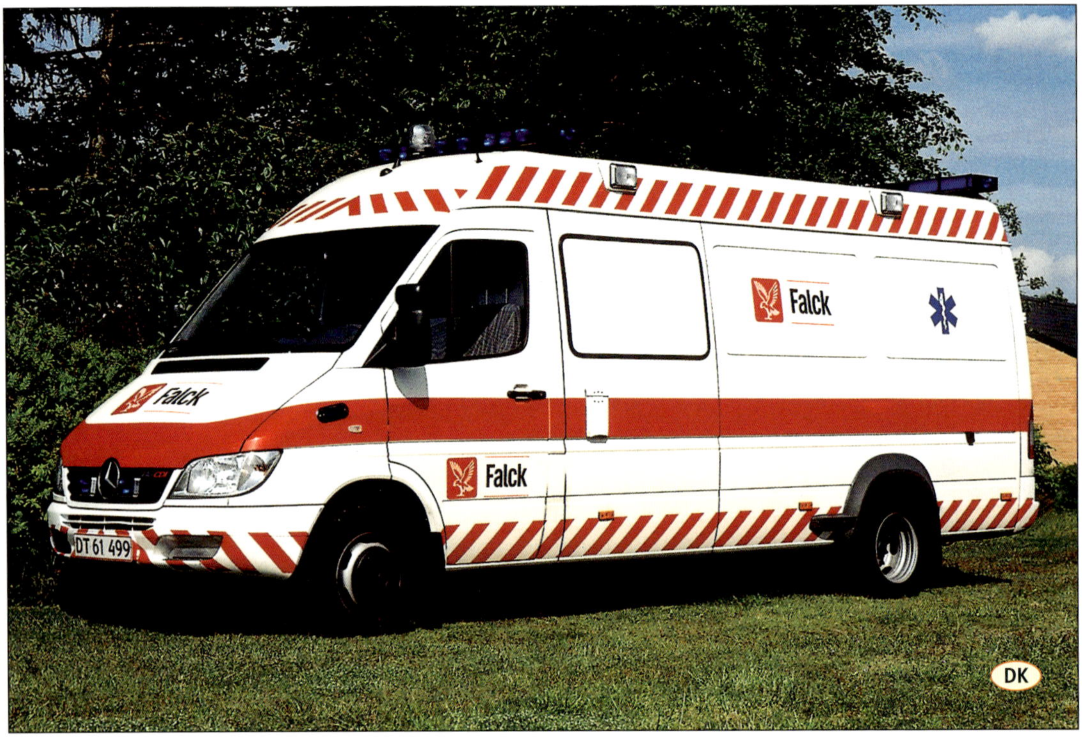

Sonder-RTW (Sengeambulance), MB Sprinter 416 CDI, Falck Grindsted, Ausbau: Haarby Karosseriefabrik, Baujahr: 2003. Das Fahrzeug kann ein komplettes Krankenhausbett transportieren
Foto: Olaf Huth

NEF, MB ML 270, Falck Århus, Ausbau: Falcks Centralwerkstatt Århus, Baujahr: 2003
Foto: Olaf Huth

NEF, MB ML 320, BF København (Kopenhagen), Eigenausbau, Baujahr 2004. Das Fahrzeug ersetzte ein verunglücktes NEF auf Chrysler Voyager

Foto: Olaf Huth

First-Response-Einheit, VW Sharan 2.8 V6, Falck Haderslev, Ausbau: Hospimobil/Ringe/Falck Werkstatt Århus, Baujahr: 2004

Foto: Olaf Huth

ELW 1, VW Touran 1,6 l, Fw. Vamdrup, Eigenausbau, Baujahr 2005

Foto: Olaf Huth

First-Response-Einheit, MB Vito 112 CDI, Falck Tarm, Ausbau: Falcks Centralwerkstatt Århus, Baujahr: 2003. Insgesamt beschaffte das Amt Ringkøbing fünf dieser mit einem Rettungsassistenten und einer Intensivkrankenschwester besetzten Fahrzeuge

Foto: Olaf Huth

GTLF, MAN LE 18.280, Falck Videbæk, Aufbau: SAWO/HFN, Baujahr: 2004, Pumpe: Ruberg R30/2,5 (3000 l/min), Wassertank: 5000 l, Schaummitteltank: 90 l, Lichtmast (2 x 500 W), Hygienestation sowie Industriekaffeemaschine in Geräteraum G1

Foto: Olaf Huth

GHTLF, MAN TGA 26.410 (6x6), Falck Ulfborg-Vemb, Aufbau: SAWO/HFN, Baujahr: 2004, Pumpe: Ruberg R30/2,5 (3000 l/min), Wassertank: 8400 l, Schaummitteltank: 90 l, Tohatsu-TS 17/10, Überdruckbelüfter, Hilfeleistungssatz, 5 Pressluftatmer. Ein baugleiches Fahrzeug wurde vor kurzem an die Falck-Feuerwehr Hinnerup ausgeliefert

Foto: Olaf Huth

HLF, MAN LE 14.225, Falck Kolding, Aufbau: SAWO/HFN, Baujahr: 2005, Pumpe: Ruberg R30/2,5 (3000 l/min), Wassertank: 2350 l, Schaummitteltank: 90 l, Lichtmast (2 x 500 W) Foto: Olaf Huth

HLF, MAN LE 14.220, FF Jels, Aufbau: Apollo, Baujahr: 2005, Pumpe: FP 16/8 (Ziegler), Wassertank: 2000 l, Lichtmast (3 x 500 W) Foto: Olaf Huth

TLF, MB Atego 1328 F, Fw. Skanderborg, Aufbau: Apollo, Baujahr: 2004, Pumpe: FP 16/8 (Ziegler), Wassertank: 1900 l, Schaummitteltank: 100 l, Lichtmast (2 x 1000 W) Foto: Olaf Huth

HLF, Scania P 94 G 300, BF Odense, Aufbau: Ringe Karosserie (Typ: RK-3000 ASP), Baujahr: 2004, Pumpe: Rosenbauer NH 30 („midships" eingebaut), Wassertank: 2500 l, Schaummitteltank: 100 l, Lichtmast, Warn-Seilwinde. Der Hilfeleistungssatz ist im Heckgeräteraum verlastet Foto: Olaf Huth

TLF, Scania P 94 DB 160, FF Tønder, Aufbau: Apollo, Baujahr: 2004, Pumpe: FP 16/8 (Ziegler), Wassertank: 2400 l, Lichtmast (3 x 500 W)
Foto: Olaf Huth

HLF, Scania P 94 DB 300, Fw. Nordsjælland, Feuerwache Helsingør, Aufbau: Floby Autokaross, Pumpe: Ruberg R30/2,5, Wassertank: 2200 l, 50 l Class-A-Schaummittel, Lichtmast (3 x 500 W), Hilfeleistungssatz
Foto: Olaf Huth

HLF, Scania P 94 G 260, FF Moltrup, Aufbau: Apollo, Baujahr: 2004, Pumpe: FP 16/8 (Ziegler, „midship" eingebaut), Wassertank: 3000 l, Schaummitteltank: 100 l, Lichtmast (3 x 150 W Xenon). Der Hilfeleistungssatz ist in Heckgeräteraum verlastet

Foto: Olaf Huth

TLF 2500/150/50, MAN TGA 18.310 (4x2) mit Vollluftfederung, BF København (Kopenhagen), Aufbau: Rosenbauer Norge/ Egenes Brannteknikk AS, Baujahr 2003, Pumpe: FP 30/10+4/40 (Rosenbauer NH 30), Wassertank: 2000 l, Schaummitteltanks: 50 l (Class A) und 150 l (Class B), Hochdrucklöschanlage Rosenbauer UHPS (38 l/min bei 100 bar), Druckluftschaumanlage, Lichtmast (2 x 150 W Xenon). In den Jahren 2001 bis 2005 hat Københavns Brandvæsen insgesamt zehn Fahrzeuge dieses Typs beschafft

Foto: Olaf Huth

TW 22000, Scania 124 G 420, FF Bredebro, Aufbau: Kent Noer, Indienststellung: 2004, Pumpe: FP 16/8 (Capriari/Perkins), Wassertank: 22.000 l. Der Aufbau stammt von einem ehemaligen Milchtankwagen. Es handelt sich um den größten bei einer dänischen Feuerwehr im Einsatz befindlichen Tankwagen Foto: Olaf Huth

TW 8000, MAN LE 18.280 (4x4), Falck Galten, Aufbau: Falcks Centralwerkstatt Kolding, Baujahr: 2003, Pumpe: Tohatsu (1342 l/min), Wassertank: 8000 l Foto: Olaf Huth

TW 9000, MB Atego 1628, FF Gram, Aufbau: Ringe Karosserie, Baujahr: 2004, Pumpe: Grunfoss (3400 l/min), Wassertank: 9000 l. Der Tank wurde vom Vorgängerfahrzeug übernommen Foto: Olaf Huth

TW 8000, Scania P 94 D 260, BF Vestegnens, Aufbau: Ringe Karosserie (Typ: RK-8000 VTV), Baujahr: 2004, Pumpe: FP 30/10 (Rosenbauer), Wassertank: 8000 l, Werfer RM 24 M Foto: Olaf Huth

TW 8000, Scania P 94 DB 300, Fw. Nordsjælland, Feuerwache Helsingør, Aufbau: Ringe Karosserie (Typ: RK-8000 VTV), Baujahr: 2003, Pumpe: Rosenbauer NH 30, Wassertank: 8000 l, Selbstschutzsprühanlage für Freiflächenbrände, Warn-Seilwinde (68 kN)

Foto: Olaf Huth

HLF, Scania P 94 D 300, Fw. Ry, Aufbau: Ringe Karosserie (Typ: RK-3000 ASP), Baujahr: 2004, Pumpe: Rosenbauer: NH 30, Wassertank: 2700 l, Lichtmast, Hilfeleistungssatz

Foto: Olaf Huth

STW (Maxi-Tender), MB Atego 1523 A, Beredskabscenter (KatS) Sydjylland Haderslev, Aufbau: Ringe Karosserie, Baujahr: 2003, 2500 m A-Druckschlauch in Buchten, zwei TS 8/8 (Rosenbauer Fox)
Foto: Olaf Huth

ELW 1, Nissan-Xtrail 2,0, Falck Ulfborg-Vemb, Eigenausbau, Baujahr 2004. Es handelt sich um ein Unikat im Falck-Fuhrpark
Foto: Olaf Huth

VRW, MB Sprinter 416 CDI (4x4), Falck Kolding, Ausbau: SAWO/HFN/ Falcks Centralwerkstatt Århus, Baujahr: 2004
Foto: Olaf Huth

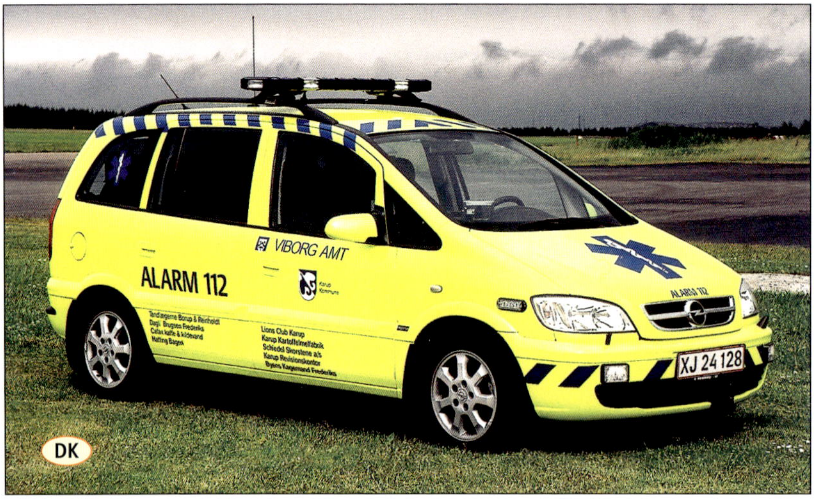

First-Response-Einheit, Opel Zafira 2.2 Elegance, Rettungswache Militärflughafen Karup, Eigenausbau, Baujahr: 2005. Das Fahrzeug ist am Tag mit einem Notarzt und einem Rettungssanitäter besetzt, nachts übernimmt eine Intensivkrankenschwester die Funktion des Notarztes. Das Fahrzeug wurde von einigen größeren ortsansässigen Firmen gesponsert und rückt daher auch nur in der Gemeinde Karup aus

Foto: Olaf Huth

TW 8000, MAN LE 18.280, Falck Grinsted, Aufbau: Falcks Centralwerkstatt Kolding, Baujahr: 2004, Pumpe: Tohatsu (1342 l/min), Wassertank: 8250 l

Foto: Olaf Huth

TW-TLF (Tanksprøjte), MAN LE 18.280, Falck Brædstrup, Aufbau: Falcks Centralwerkstatt Kolding, Baujahr: 2004, Pumpe: Ruberg R18, Wassertank: 8250 l, Lichtmast (2x500 W)

Foto: Olaf Huth

Spurensuche: Balcke Frankenthal

Früher renommierter Hersteller von Motorspritzen

von Klaus-Uwe Hölscher

Obwohl die Firma Balcke in Frankenthal (Rheinpfalz) erst seit 1988 nicht mehr existiert, ist es inzwischen nicht ohne Weiteres möglich, Informationen über diesen früher bekannten Hersteller von Feuerwehrgeräten zu erhalten. Daher erscheint der Titel „Spurensuche" durchaus angebracht. Dank der freundlichen Unterstützung durch Herrn Nestler, Archivar der Stadt Frankenthal, und Herrn Kreutzer, stellvertretender Stadtbrandinspektor i.R., ist es gelungen, einige wichtige Stationen in der Geschichte der Firma Balcke nachzuzeichnen.

Am 1.Oktober 1894 gründete der Ingenieur Hans Balcke in Bochum zusammen mit dem Kaufmann Otto Kleinschmidt die Firma Balcke & Co. Mit nur zwei Mitarbeitern und einem Lehrling begann das Unternehmen im Dachgeschoss eines Bochumer Hauses mit der Konstruktion und dem Verkauf von Kondensations- und Wasserkühlanlagen vor allem für den Einsatz in Kraftwerken.

Da Elektrizität zu dieser Zeit besonders in ländlichen Regionen noch keine Selbstverständlichkeit war, hatten viele Fabriken ihre eigene Kraftzentrale, die den benötigten Strom selbst herstellte. Der von Hans Balcke erfundene Kaminkühler bzw. Kühlturm fand schnell guten Absatz in der Industrie. So heißt es in der Festschrift zum 25jährigen Firmenjubiläum im Jahre 1919:

„Heute nach 25 Jahren haben sie (die Kaminkühler) die anderen Kühlanlagen verdrängt, sie beherrschen auf dem Gebiete der Wasserkühlung die ganze Welt."

Anzeigen der Firma Balcke Anfang der dreißiger Jahre

Zweigbetriebe im Ausland

Während sich bis 1897 die Firma Balcke ausschließlich im Inland betätigte, wurden danach die Geschäfte auf Österreich ausgeweitet. Es gelang, die Konkurrenzfirma Popper in Wien aufzukaufen und in Wien einen Zweigbetrieb einzurichten. In Petersburg, Berlin, Paris und London wurden Niederlassungen gegründet. Bis 1898 war Balcke ein Ingenieurunternehmen: man konstruierte alle Apparate, ließ sie nach Zeichnungen jedoch von fremden Firmen anfertigen.

Für die von Balcke entwickelten Anlagen wurden in verstärktem Maße Pumpen benötigt, die von anderen Firmen nicht immer in der erforderlichen Ausführung geliefert werden konnten. So kam es 1898 zur Gründung der Pumpenfabrik Bettinger & Balcke in Frankenthal, die Aggregate für die Bochumer Schwesterfirma herstellte. Außer Pumpen für Kühlzwecke wurden Kolbenpumpen mit Dampfmaschinen-Antrieb, Press- und Vakuumpumpen insbesondere für die chemische Industrie und Kolbenkompressoren angefertigt. Saug- und Druckspritzen für Feuerlöschzwecke gehörten jedoch nicht zum Produktionsprogramm.

Im Jahre 1905 kam es zur Vereinigung der Firmen Balcke & Co. in Bochum und Bettinger & Balcke zur späteren Maschinenbau-AG Balcke mit Sitz in Bochum. Das damalige Stammkapital betrug 1 500 000 Goldmark. Die heute bei Münzsammlern beliebten 5, 10 und 20 Mark Goldmünzen des Kaiserreiches waren damals noch gesetzliche Zahlungsmittel. Bei einer täglichen Arbeitszeit von mehr als 10 Stunden betrug der Stundenlohn für die Arbeiter jedoch nur 30 bis 40 Pfennig. Es war nicht ungewöhnlich, dass viele von ihnen täglich zur Arbeit und zurück mehrere Kilometer Fußweg zu bewältigen hatten.

Balcke-Tragkraftspritze Modell „Pfaltz"

Feuerlösch-Kreiselpumpen

Der gestiegene Grau- und Metallgussbedarf machte 1911 den Bau einer großen Gießerei in Frankenthal erforderlich, zumal mit der Einführung der Kreiselpumpen-Fertigung für Feuerlöschgeräte ein neuer Produktionszweig eröffnet wurde, der den größten Teil am Umsatz des Werkes ausmachte. Der 1. Weltkrieg jedoch unterbrach die technische Weiterentwicklung des Unternehmens. Das Werk Frankenthal musste statt seiner normalen Fertigung Granaten und sonstiges Kriegsmaterial herstellen.

Der verlorene Krieg brachte vielerlei Rückschläge für das Unternehmen und das Auslandsgeschäft mit den Zweighäusern in Petersburg, Paris und London konnte nicht mehr aufrechterhalten werden. Außerdem brachten in Deutschland die Rheinland-Besetzung, der Ruhrkampf und die Inflation ernsthafte Probleme. Ende 1923 ergab jedoch die Einführung der Rentenmark wieder eine stabile Währung und die Fertigung von Motorspritzen konnte neu in das Programm aufgenommen werden.

Modell „Pfalz"

Ein frühes Balcke-Gerät war die Benzin-Kleinmotorspritze Modell „Pfalz": „Leistung 400 Liter pro Minute, 60 Meter manometrische Förderhöhe und ca. 30 Meter Strahlweite, besonders geeignet für kleine Feuerwehren", wie es im Fabrikprospekt heißt. Diese TS 4 hatte einen Zweizylinder-Viertakt-Boxermotor mit Drehkurbel zum Starten und wurde auf einem offenen TSA mit Holzspeichenrädern und Elastic-Bereifung oder Drahtspeichenrädern mit Luftbereifung transportiert. Letztere Ausführung kostete komplett mit Spritze 2 650 Mark. Dem Verfasser ist bisher kein Exemplar dieser ersten Balcke-TS als heute noch erhalten bekannt.

Auch Prospekte und Fotos der Tragkraftspritze Modell „Pfalz" sind heute nur noch selten anzutreffen und meist Zufallsfunde. So findet sich im Archiv der Werkfeuerwehr der Badischen Anilin- und Sodafabrik (BASF) in Ludwigshafen ein Foto einer Benz-Gaggenau-Kraftspritze (Baujahr ca. 1922). Am Heck dieses offenen Löschfahrzeugs mit Vollgummi-Bereifung ist eine Holzpritsche mit einer Zweirad-Motorspritze angebracht, die vom Löschfahrzeug gewissermaßen im Huckepack-System mitgeführt wird. Aufgrund ihrer Bauart, bei der die luftbereiften Drahtspeichenräder besonders auffallen, lässt sich

Benz-Gaggenau-Kraftspritze mit im Heck aufgeprotzter Balcke-Motorspritze Modell Pfalz (Werkfeuerwehr der BASF Ludwigshafen: 1926)

diese Motorspritze eindeutig als Fabrikat Balcke, Modell „Pfalz" identifizieren.

Die Firma Benz-Gaggenau hatte keine eigenen Tragkraftspritzen im Programm. Daher lag es für die BASF-Werkfeuerwehr nahe, auf das Balcke-Fabrikat zurückzugreifen, da Frankenthal in der unmittelbaren Nachbarschaft von Ludwigshafen liegt und Pfälzer natürlich auf ihre Produkte vertrauen und sie bevorzugen. Die am Heck des Löschfahrzeugs aufgeprotzte Balcke-TS bot den Vorteil, dass man mit ihr schwer zugängliche Wasserentnahmestellen besser erreichen konnte als mit einem schweren Fahrzeug, das auf befestigte Zufahrten angewiesen war.

Ärmelabzeichen der BASF-Werfeuerwehr: ein Löschfahrzeug wurde zusätzlich mit einer Balcke. Motorspritze bestückt, die im Heck per Huckepack mitgeführt wurde

Lieferung nach Haselünne

Per Schreiben vom 1. Juni 1927 teilt die Maschinenbau-Aktiengesellschaft Balcke dem Magistrat der Stadt Haselünne, Kreis Meppen, mit, dass die „bestellte Motorspritze fix und fertig hier steht und diese Woche noch zur Ablieferung gebracht werden sollte. Da Sie uns bis jetzt keine Angaben über die Aufschrift gemacht hatten, so haben wir die Spritze mit folgender Aufschrift versehen: „Freiwillige Feuerwehr Haselünne" und bitten wir sie um gefl. Mitteilung, ob wir die Spritze mit dieser Aufschrift absenden können..."

Zwei Tage später teilten die Haselünner der Firma Balcke mit, dass sie damit einverstanden seien. So erfolgte, wie die Rechnung vom 10. Juni 1927 ausweist, die Lieferung der zweirädrigen Motorspritze Modell „Pfalz" mit „Holzrädern und Kugellagern, Vollgummibereifung, Kotschutzflügel, gefedertem Fahrgestell, vollständig gekapseltem Motor sowie Schlauchhaspel" zum Preis von 3550 Reichsmark als Frachtgut per Bahn an die „Station Haselünne b/Hannover." Außerdem liegt ein Schreiben der Stadt

eichsbank-Girokonto Frankenthal
Postscheckkonto Nr. 644
Amt Ludwigshafen a. Rh.
Drahtanschrift:
alckemaschinen Frankenthalpfalz
Fernsprecher Nr. 80 und 81

S/M.

Rechnung Nr. 1607

An

M a g i s t r a t

Vertretung: Jngenieur W a f f e l , Münster i/W, Eisenbahnstrasse 10

DRAHTANSCHRIFTEN:
BALCKEMASCHINEN
FRANKENTHALPFALZ
CONDENSATION BOCHUM
KAMINKÜHLER BERLIN-
TELEPHON BALKE WIEN

FERNSPRECHER:
FRANKENTHAL № 80 u. 81
BOCHUM № 105. 373-377
BERLIN AMT LÜTZOW 5023
WIEN № 6665

MASCHINENBAU-AKTIENGESELLSCHAFT BALCKE

Abt: MASCHINENFABRIK FRANKENTHAL

HAUPTVERWALTUNG:
BOCHUM

MASCHINENFABRIK:
FRANKENTHAL (PFALZ)

APPARATEBAUANSTALT:
NEUBECKUM

ZWEIGHÄUSER:
BERLIN W.9. • WIEN VII/1.

REICHSBANK-GIRO-CONTO
FRANKENTHAL (PFALZ)
POSTSCHECKKONTO:
LUDWIGSHAFEN A/RH. № 644.

K/Hf. *Frankenthal, den* 1. Juni 1927
(Pfalz)

-3 JUN 1927

An den

Magistrat der Stadt Haselünne

H a s e l ü n n e

Kreis Meppen

Betr. Benzin-Motorspritze.

Jm Besitze Jhrer Karte vom 3o.ds.Mts. teilen wir Jhnen mit, dass die bestellte Motorspritze fix und fertig hier steht und diese Woche noch zur Ablieferung gebracht werden sollte, Da Sie uns bis jetzt keine Angaben über die Aufschrift gemacht hatten, so haben wir die Spritze mit folgender Aufschrift versehen:

" Freiwillige Feuerwehr
Haselünne "

und bitten wir Sie um gefl. Mitteilung, ob wir die Spritze mit dieser Aufschrift absenden können oder ob Sie wünschen, dass solche entsprechend Jhrer Karte vom 3o. Mai geändert wird. Jm ersteren Falle kann die Spritze sofort zum Versand gebracht werden und sehen wir einer gefl. Antwort entgegen.

Maschinenbau-Aktiengesellschaft Balcke

3. JUN. 1927

Haselünne, den 3. Juni 1927.

1.) Heute geantwortet, dass die Spritze mit der angebrachten

Balcke-Schreiben an den Magistrat Haselünne: bemerkenswert der schöne Briefkopf mit dem Firmengelände in Frankenthal!

Haselünne an die „Concor-dia-Hannoversche Feuer-Versicherungs-Gesellschaft A.G. in Hannover" vor. Darin wird die Bitte ausgesprochen, zur Anschaffung der Balcke-Motorspritze „eine möglichst hohe Beihilfe geneigtest gewähren zu wollen. Hierbei möchten wir bemerken, dass die Anschaffung auch den benachbarten Landgemein-den zugute kommt, denen unsere Feuerwehr stets bereitwilligst Löschhilfe leistet."

Balcke-Erzeugnisse fanden nicht nur in Deutschland Absatz, sondern gingen damals in alle Welt. Sie wurden auch auf Handels- und Kriegsschiffen eingesetzt. Der Schnelldampfer „Europa" des Norddeutschen Lloyd, der 1930 das Blaue Band bei der Atlantik-Überquerung errang, war mit Balcke-Pumpen ausgestattet.

Im Jahre 1925 gab der Gründer des Hauses Balcke, Generaldirektor Hans Balcke, seine aktive Tätigkeit im Betrieb auf und wurde in den Aufsichtsrat der AG gewählt. Aufträge für Rußland führten dazu, dass die Fabrikgrundstücke in Berlin, Frankenthal und Neubeckum durch weitere Zukäufe vergrößert werden konnten. 1911 hatte Balcke drei Viertel der Aktien der Westfälischen Maschinenbau-Industrie Gustav Moll & Co. AG in Neubeckum erworben.

Prospekt von 1927

Löschfahrzeug der 1. Kompanie der FF Speyer mit angehängter Zweirad-Motorspritze Fabrikat Balcke-Frankenthal; Aufnahme: Juni 1940

Löschfahrzeug (Fabrikat nicht bekannt) mit angehängter Balcke-Zweirad-Motorspritze der FF Speyer

Gasstrahl-Luftpumpen

Einen weiteren Fortschritt im Pumpenbau bedeutete die Modernisierung der Entlüftungsvorrichtung. Im Jahre 1927 stattete Balcke seine Kleinmotorspritzen mit einer Gasstrahl-Luftpumpe aus, die durch die Auspuffgase des Viertaktmotors betrieben wird. (Lizenz durch die Salzburger Firma Franz Oberascher). Auch in Prospekten für die schwere Balcke-Lafetten-Motorspritze wird dies neue, verschleißarme System den Kunden angeboten: „Die Ansaugevorrichtung wird in die Auspuffleitung des Motors eingebaut und durch die Auspuffgase des Motors in Tätigkeit gesetzt. Sobald der Motor angeworfen ist, evakuiert die Ansaugevorrichtung Pumpe und Saugschläuche vollständig automatisch. Hat die Pumpe Wasser, dann werden die Auspuffgase durch ein einfaches Umschaltventil wieder direkt in den Auspufftopf geleitet. Die Ansaugevorrichtung ist ein Ejektor, welcher keine Zahnräder, keine Wellen, weder gleitende noch rotierende Teile, keine Dichtflächen, keinen Ölbedarf und keinen Wasserring besitzt. Es sind also keine der Abnützung unterworfenen Teile vorhanden. Die Bedienung ist äußerst einfach. Die Gasstrahl-Luftpumpe wurde von dem Prüfungsausschuß des Reichsvereins Deutscher Feuerwehringenieure geprüft..." Ein umfangreiches Gutachten bescheinigt der Pumpe exzellente Ergebnisse bzw. Leistungsdaten.

Balcke-Vierrad-Motorspritzen für Pferdezug wurden Mitte der zwanziger Jahre nur in geringen Stückzahlen gebaut. Deshalb ist heute kein noch erhaltenes Exemplar mehr bekannt

Pferdebespannung üblich

Zum Lieferprogramm der Firma Balcke-Frankenthal gehörten außer den Tragkraftspritzen mit Anhängern (TS/TSA) und Zweirad-Motorspritzen auch vierrädrige Benzin-Motorspritzen für Hand- und Pferdezug. Außerdem wurden zweirädrige Vorderwagen für Pferdebespannung mit Anhänge-Vorrichtung für die Motorspritze und Sitzplätzen für 4 bis 6 Personen auf dem Kutscherbock geliefert. Dies Angebot zeigt, dass bis in die 30er Jahre die Automobilisierung der Feuerwehren nur langsam voranschritt.

Pferdebespannung war nicht nur bei den Handdruckspritzen, sondern auch bei Motorspritzen üblich, auch wenn dies zeitaufwändiger war. Trecker oder schwere PKWs bildeten als Zugfahrzeuge bzw. Mannschaftstransporter bei Feuerwehren eher eine Ausnahme. Allerdings kann man manchmal auf alten Fotos die stattlichen 6- bis 8-Zylinder-Karossen der Marken Adler, Benz, Brennabor, Horch und Opel bewundern, die als kräftige Zugfahrzeuge manchmal bei ländlichen Feuerwehren im Dienst standen, heute aber fast ausnahmslos nicht mehr erhalten sind. Zum Teil sind sie noch bis in die 60er Jahre der Verschrottung zum Opfer gefallen!

Die Weltwirtschaftskrise verschonte auch die Firma Balcke nicht: verkürzte Arbeitszeiten bzw. Arbeitslosigkeit waren an der Tagesordnung. Nach 1933 erlebte die Firma einen deutlichen Aufschwung

Drehrei in der Maschinenfabrik Balcke in Frankenthal; typisch für die Zeit vor und nach dem 1. Weltkrieg: Riemenantrieb der Maschinen

durch die Autarkiepolitik der NS-Regierung. So wurden in großer Zahl Presspumpen für Hydrierwerke (Benzingewinnung aus Kohle), Buna- und Stickstoff-Fabriken gebaut. Der 2. Weltkrieg brachte im Gegensatz zum 1. Weltkrieg keine Änderungen im Fabrikationsprogramm, da die Balcke-Erzeugnisse für die

Belegschaft der Firma Balcke-Frankenthal, Foto vermutlich aus den dreißiger Jahren. Auffallend die Gruppierung nach Rangordnung!

Montagehalle der Maschinenfabrik Balcke-Frankentahl; rechts ein Kesselteil mit Siederohren

Montagewerkstatt der Maschinenfabrik Balcke in Frankenthal in den dreißiger Jahren

Schwerindustrie, Handels- und Kriegsmarine sowie die chemische Industrie auch in Kriegszeiten gebraucht wurden. Besonders wurde damals der Bau von Motorspritzen für Luftschutzzwecke forciert.

Kriegsverluste und Demontage

Die Verluste durch den Krieg waren jedoch beträchtlich. Die fast völlige Zerstörung des Verwaltungsgebäudes in Bochum sowie die Zerstörung des Werkes Frankenthal bei dem Luftangriff vom 23.9.1943 bedeuteten einen erheblichen Eingriff. Aufgrund des hohen Einsatzes der Belegschaft konnte die Fertigung in Frankenthal notdürftig wieder aufgenommen werden, ein Teil des Werkes wurde 1943/44 sicherheitshalber in den Odenwald in die Nähe von Bensheim verlagert. Im März 1945 wurde das Werk von amerikanischen Truppen besetzt. 1946/47 wurde eine größere Anzahl von Maschinen demontiert und abtransportiert. Es gelang jedoch schließlich, die Demontage des gesamten Werkes, wie es der Alliierte Kontrollrat bestimmt hatte, zu verhindern.

Nach der Währungsreform 1948 gelang es u.a. mit Krediten aus dem Marshall-Plan, Fabrikhallen und technische Büros wieder aufzubauen. Eine neue Schweißerei (1965) und die Erweiterung der Gießerei (1972) verstärkten die Leistungsfähigkeit des Werkes. Dadurch wurde es möglich, nicht nur den Bau von TS/TSA mit VW-Industriemotoren durchzuführen, sondern auch große Aufträge im Kraftwerksbau und für Kernkraftwerke zu übernehmen. Am 1.Oktober 1972 erfolgte der Zusammenschluss der Maschinenbau-AG Balcke mit der Dürrwerke AG in Ratingen bei Düsseldorf unter dem Namen Balcke-Dürr AG. Das gesamte Unternehmen verfügte 1976 über ein Aktienkapital von 22 Millionen DM und beschäftigte insgesamt ca.2 600 Mitarbeiter.

Breites Lieferprogramm

Im Werk Frankenthal wurden Pumpen und Kompressoren in vielfältigen Ausführungen gefertigt. Zum Kundenkreis gehörten: Kern- und konventionelle Kraftwerke, Bergbau, Hüttenwerke, Chemie- und Erdölindustrie, Nahrungs- und Genussmittel-Industrie, Stahlwerke und Gießereien, Schiffbau, Zementwerke, Glasindustrie, Eisenbahn und viele andere Abnehmer. Aus dieser umfangreichen Auflistung ergibt sich, dass der Bau von Feuerwehrpumpen nur einen kleinen Teil der Gesamtproduktion ausmachte.

Das Ende der traditionsreichen Firma Balcke lässt sich kurz zusammenfassen: 1988 übernahm das Ludwigshafener Maschinenbau-Unternehmen Hal-

Das Foto zeigt den Löschzug der Werkfeuerwehr Balcke in Frankenthal Ende 1944. Das Opel-Blitz LF 8 mit TSA zeigt die kriegsbedingte Sparversion: wegen Materialknappheit wurde der Aufbau nicht mehr in Stahlblech, sondern aus Hartfaserplatten gefertigt

Die Balcke-Tragkraftspritze Modell „Titan" wurde in den Opel-Mannschaftswagen eingeschoben: um 1928

Feuerwehr-Mannschaftswagen vermutlich Opel Typ 10/45 mit im Heck fest eingebauter Balcke-Feuerlöschpumpe: um 1930. Während Fahrer und Beifahrer im Führerhaus Platz hatten, saß die Bedienungsmannschaft beiderseits auf Längssitzen ungeschützt „im Freien"!

Feuerwehr-Mannschaftswagen mit angehängter Balcke-Motorspritze, Pumpe Bauart Oberascher-Salzburg. Solche „Gespanne" wurden hauptsächlich zwischen 1927 und 1930 geliefert

berg das Frankenthaler Werk von Balcke und produzierte und reparierte dort Großpumpen. Mitte der 90er Jahre wurde der Frankenthaler Betrieb aber dann dem Hauptwerk in Ludwigshafen angeschlossen. Inzwischen sind die Fabrikgebäude abgerissen und auf dem Gelände befindet sich ein Einkaufszentrum.

Balcke als Fahrzeugausrüster

Die Maschinenfabrik Balcke stellte als Feuerwehrgerätefirma hauptsächlich Tragkraftspritzen und Zweirad-Lafetten-Motorspritzen her. Anhand von heute noch erhaltenen Archivbildern lässt sich nachweisen, dass in der Zeit von ca.1928 bis 1935 Feuerwehr-Mannschaftswagen mit Balcke-Tragkraftspritzen bestückt wurden: zum Beispiel Fabrikat Opel mit im Heck eingeschobener Balcke-TS Typ „Titan" bzw. „Rekord". Weitere Archivbilder zeigen einen Opel-Wagen mit im Heck fest eingebauter Balcke-Pumpe, Bauart Oberascher-Salzburg mit Gasstrahl-Entlüftung und ein Zugfahrzeug mit angehängter Balcke-Lafetten-Motorspritze. Diese Fahrzeuge bzw. „Gespanne" sind heute jedoch nicht mehr erhalten, da sie den 2. Weltkrieg bzw. die Nachkriegszeit nicht überlebt haben.

Für den Feuerwehr-Historiker bzw. Oldtimer-Freund stellt sich die wichtige und oftmals auch spannende Frage, welche Balcke-Motorspritzen heute noch vorhanden sind, erhalten und gepflegt werden. Zwischen 1925 und 1928 wurden zwar Vierrad-Motorspritzen für Pferdezug von der Firma Balcke-Frankenthal in geringer Stückzahl gebaut, aber dem Verfasser ist bisher kein heute noch erhaltenes Exemplar dieser Bauart bekannt geworden. Besser sieht es jedoch bei den Balcke-Zweirad-

Selve-Motor der Balcke-Motorspritze der FF Freinsheim (Pfalz): Baujahr 1924

Balcke-Motorspritze, Baujahr 1928; FF Schriesheim (Rhein-Neckar-Kreis: BW)

Zum Schutz ihres Privatbesitzes von der Firma Henkel & Cie, Düsseldorf der Stadt Unkel am Rhein im Jahre 1925 gestiftet und heute noch erhalten: Balcke-Motorspritze

Balcke-Motorspritze (1924) in Freinsheim, einem Weinort, der mit seinen historischen Stadtmauern und Türmen auch „Rothenburg der Pfalz" genannt wird

Balcke-Frankenthal-Zweirad-Motorspritze; Baujahr ca. 1926 aus dem Feuerwehrmuseum Attendorn/Westfalen fotografiert im Juni 2001 beim Fest des Deutschen Feuerwehr-Museums in Fulda

Motorspritzen aus (Motor und Pumpe fest auf der Achse, also keine TS/TSA). Durch mehrjährige Recherchen gelang es bisher, immerhin 7 Balcke-Zweirad-Motorspritzen ausfindig zu machen. 5 davon befinden sich erwartungsgemäß in Orten der Rheinpfalz und Umgebung, also nicht weit von Frankenthal entfernt. Heutige Standorte dieser seltenen Spritzen sind: Edenkoben, Freinsheim, Ladenburg, Schriesheim und Unkel.

Private Schenkung

Die Balcke-Zweirad-Motorspritze in Unkel hat eine besonders interessante Geschichte: die Firma Henkel (Henkel-Waschmittel Gmbh in Düsseldorf) hat in Unkel am Rhein privaten Haus- und Grundbesitz. Daher schenkte die vermögende Familie der Stadt Unkel im Jahre 1925 eine Balcke-Motorspritze für den Feuerschutz des privaten Anwesens und der Stadt. Diese Motorspritze ist heute noch in restauriertem Zustand in Unkel erhalten.

Eine weitere Balcke-Zweirad-Motorspritze steht als Dauerleihgabe der Freiwilligen Feuerwehr Meinerzhagen im Feuerwehrmuseum Attendorn (NRW). Sie hat einen 2-Zylinder-4-Takt-Boxermotor, Fabrikat Mehne-Immendingen, Baujahr vermutlich 1926. Da Liefer- und Referenzlisten von Balcke-Motorspritzen fehlen, ist das „Aufspüren" solcher seltener Exemplare sehr mühevoll und ein glücklicher „Zufallstref-

Balcke-Tragkraftspritze Modell „Rekord" auf TSA mit durchgeschwenkter Achse in Betriebsstellung zwischen 1930 bis 1935 gebaut

fer", wenn es dann und wann einmal tatsächlich gelingt. Am weitesten von ihrem Ursprung bzw. Herstellungsort entfernt befindet sich die Balcke-Zweirad-Motorspritze bei der Freiwilligen Feuerwehr in Schweina in Thüringen. (Baujahr 1925; Selve-4-Takt-4-Zylinder-Motor, Nr. 5201). Diese Spritze wurde von der Feuerwehrgerätefirma Waldemar Dittmann in Weimar, die die Balcke- und Benz-Gaggenau-Vertretung in Thüringen hatte, ausgeliefert, was durch eine noch erhaltene Dittmann-Lieferliste belegt ist: „Referenzliste über die von der Fa. Waldemar Dittmann, Weimar und der von ihr vertretenen Fabrik in Thüringen gelieferten Motorspritzen und Feuerwehrgeräte: Gemeinde Schweina: 1 Lafettenmotorspritze 800 Liter."

Einige TS und TSA aus der Zeit zwischen 1935 und 1945 (u.a. die Modelle „Titan" und „Rekord") halten ebenfalls die Erinnerung an die Firma Balcke als ehemalige Feuerlöschgeräte-Fabrik wach. Auch die TS 8/8 mit dem bewährten VW-Industriemotor sind inzwischen ein Stück Feuerwehrgeschichte, da dieser Motortyp seit einigen Jahren nicht mehr hergestellt und in TS eingebaut wird. Die Freiwillige Feuerwehr Leer (Ostfriesland) unterhält eine Balcke-TS 8/8 mit VW-Motor, 28 PS, Baujahr 1958. Der TSA, offen und mit Luftbereifung, ist kein Balcke-Erzeugnis, sondern stammt von der ehemaligen Firma Fischer in Görlitz. Trotz seines höheren Alters (Baujahr 1939) passt dieser TSA auch optisch recht

Am weitesten vom Herstellungsort entfernt: Balcke-Motorspritze (Baujahr 1925) in Schweina/Thüringen

gut zur Balcke-TS. Bevor ab Mitte der 50er Jahre der VW-Industriemotor in Tragkraftspritzen verschiedener Hersteller eingebaut wurde und fast vierzig Jahre lang dominierte, verwendete Balcke wie auch einige andere Firmen u.a. Zweitakt-Motoren der Firma Ilo in Pinneberg. Der Motor wurde mit einem elektrischen Anlasser ausgerüstet, was damals nicht der üblichen Ausstattung entsprach. So brauchte der Maschinist seine TS zwar nicht mühsam mit dem Anwerfhebel starten, musste aber auch auf sorgfältige Pflege und Wartung der Batterie achten, damit diese insbesondere im Winter bei Minusgraden ihren Dienst nicht versagte. Hinzu kam noch, dass damals längst noch nicht alle Feuerwehrgerätehäuser besonders der kleineren Gemeinden beheizbar waren. Deshalb mussten

Vor allem bei kleineren Feuerwehren war Pferdezug lange Zeit üblich. Das zeigt diese Balcke-Tragkraftspritze Modell „Rekord" auf vierrädrigem Wagen. Auf diesem Foto ist jedoch eine Handzug-Deichsel zu erkennen

Balcke-Tragkraftspritze Modell „Rekord" mit geschlossenem Tragkraftspritzen-Anhänger (TSA) aus der Zeit zwischen 1933 bis 1938

Balcke-Schmutzwasserpumpe mit Schraubenrad für 2500 Liter Förderleistung pro Minute zum Auspumpen überfluteter Keller: auffallend die 3 A-Saugstutzen links und 4 B-Druckabgänge über dem Fabrikschild

Balcke-TS 8 mit Breuer-Motor Typ C 7 (Baujahr 1943) im Vorraum der Wache der BF Freiburg im Breisgau

Balcke-TS 8 mit Breuer-Motor Typ C 2 (1935) bei der FF Bad Driburg

Typschild an einer Balcke-TS 8 (Baujahr 1935) im Technik-Museum Speyer

Firma Balcke-Frankenthal: mobile Werbung auf LKW verladen

Balcke-TS 8 (1958) auf Fischer-Görlitz TSA (1939) bei der FF Leer

Balcke-TS 4/6 mit luftgekühltem Hirth-Motor in der Landesfeuerwehrschule Rheinland-Pfalz in Koblenz-Asterstein; Baujahr 1950

Balcke-Vorbaupumpe an Borgward LF 8 mit Bierstedt-Aufbau; Baujahr 1961; FF Düngstrup (bei Wildeshausen/ NS)

auch die Pumpen sorgfältig entleert werden, um Frostschäden zu vermeiden.

Balcke-TS im BMW-Motor

Ein Exot unter den Balcke-TS war sicher die TS 8/8 mit BMW-Zweizylinder-Viertakt-Boxermotor (700 ccm Hubraum), dessen markante Bauart mit seinen gegenüberliegenden Zylindern von den BMW-Motorrädern her bekannt ist. Allerdings sollen Anfang der 60er Jahre nur 7 Exemplare bei Balcke gebaut worden sein, vermutlich weil der VW-Industriemotor schon fest etabliert und preiswerter war. Ab 1987 griff jedoch die Firma Rosenbauer in Linz in Zusammenarbeit mit der BMW-Tochter Steyr-Österreich auf BMW-Motoren zurück und baute sie in ihre TS 8/8 „Fox" ein.

Nachdem im Jahre 1988 die Firma Balcke in Frankenthal von dem Ludwigshafener Maschinenbau-Unternehmen Halberg übernommen wurde und keine Balcke-Motorspritzen mehr gebaut wurden, besteht mit Hauptsitz in Oberhausen die Firma Balcke-Dürr-Energietechnik weiter. Durch den Zusammenschluss der Balcke-Dürr GmbH mit ihren Gesellschaften im In- und Ausland und der US-amerikanischen Thermal Engineering International Corporation (TEIC) im April 1999 ist einer der weltweit größten unabhängigen Lieferanten von Komponenten und Dienstleistungen für die Kraftwerksindustrie entstanden. Die neue Unternehmensgruppe BDT Engineering verzeichnet Umsätze von rund 1 Milliarde DM bei einem Personalstand von über 3 000 Mitarbeitern in mehr als 15 Ländern auf allen Kontinenten. Unter dem Leitgedanken „Energie durch Synergie" werden hauptsächlich Kessel, Kühltürme, Wärmetauscher und die damit verbundenen Dienstleistungen angeboten.

Fazit: Im Zuge der Globalisierung lebt somit die ehemalige Maschinenfabrik und Feuerlöschgeräte-Firma Balcke indirekt weiter, ohne allerdings heute noch Feuerlöschgeräte zu produzieren.

Fabrikschild auf der Balcke-TS 8 (Baujahr 1958) in Leer

Niederländische Feuerwehrfahrzeuge auf britischen Fahrgestellen

von Dirk Wieczorek

Die niederländische Feuerwehrfahrzeughistorie ist hierzulande relativ unbekannt. Zwar sind einzelne Fahrzeuge schon einmal auf Oldtimertreffen insbesondere im grenznahen Raum zu sehen, aber einen umfassenden Einblick haben die wenigsten. Vielen ist zwar bekannt, dass auch die Niederlande eine eigene Fahrzeugindustrie haben. Lkw von DAF, Kromhout und den Spezialfahrzeugherstellern Ginaf und Terberg wurden auch exportiert, aber außer DAF gab es nur wenige Feuerwehrfahrzeuge auf Fahrgestellen der anderen drei Hersteller.

DAF begann erst 1949 mit dem Fahrzeugbau, aber bereits lange vorher mussten die Feuerwehren natürlich auf geeignete Fahrgestelle zurückgreifen. Daher wurden die meisten frühen Fahrgestelle importiert und von einheimischen Aufbauherstellern mit Karosserien versehen. Neben einigen deutschen gab es auch vereinzelte Schweizer, schwedische, französische und italienische Fahrgestelle, aber vor allem wurden damals amerikanische und britische Fahrgestelle geordert. Durch den Zweiten Weltkrieg kam auch eine große Anzahl Fahrzeuge der Alliierten Streitkräfte ins Land, die teilweise auch von den Feuerwehren umgebaut und weitergenutzt wurden. Hierdurch wurden Fahrgestelle aus den USA oder Großbritannien sehr populär. Insbesondere in den fünfziger und sechziger Jahren fanden Fahrgestelle nahezu aller britischen Fahrzeughersteller den Weg in die Feuerwehren des Königreichs der Niederlande.

Brandweer Doetinchem: Autoladder 17 (DL 17). Austin K2/Geesink. Bj. 1941. Als Museumsfahrzeug noch vorhanden

Brandweer Venlo: Autospuit (LF). Austin FT 5/Bikkers. Baujahr 1951. Als Museumsfahrzeug noch vorhanden

Brandweer Winschoten:
Autoladder 17 (DL 17).
Austin 3 KBN/Geesink.
Baujahr 1962.
a. D. 1984

Bedrijfsbrandweer (WF) Smid en Hollander, Amsterdam:
Autospuit (LF).
Commer Superpoise 225/ Kronenburg.
Baujahr 1957.
i. D. 1975.
ex Brandweer Bussum mit Poederblusaanhanger (PLA 250)
Foto: Sammlung Wieczorek

Brandweer Helmond: Autoladder 30 (DL 30).
Commer R 541/Magirus. Baujahr 1957.
Als Museumsfahrzeug noch vorhanden

Brandweer Ten Boer: Gereedschaps-Materiaalwagen (GW).
Commer KCL 4023 Bikkers. Baujahr 1969. i. D.1981.
a. D. 1995. ex Brandweer Gaasterlan-Sleat, Korps Balk

Sehr beliebt waren die damals bekannten Hersteller Austin, Bedford, Commer, Dodge, Ford Thames und Morris. Die Marken Austin, Bedford, Commer und Morris verschwanden bis spätestens Mitte der Achtzigerjahre. Dodge in England wurde von Renault übernommen. Die britische Ford-Tochter firmierte zwischen 1939 und 1957 als Fordson Thames und von 1957 bis 1965 als Ford Thames. Seitdem war nur noch der Name Ford gebräuchlich. Als sich in den Neunzigerjahren Ford aus dem Bau von großen Lkw zurückzog, ging Ford England in der Iveco-Gruppe auf.

In den Siebziger- und Achtzigerjahren wurden nur noch vereinzelt einige Ford und Dodge in den Niederlanden in Dienst gestellt. Eine Ausnahme war hier die Brandweer Utrecht. Dort wurden bis Ende der Siebzigerjahre ausschließlich Großfahrzeuge von Commer und Dodge beschafft. Erst Ende der Achtzigerjahre stellten die Werkfeuerwehren der Kuwait Petroleum und der DOW Chemical insgesamt vier Leyland in Dienst, die allerdings Unikate blieben.

Erst in den Neunzigerjahren erlebten britische Fahrzeuge eine Renaissance bei den Brandweeren in den Niederlanden. Der bis dahin dort kaum beachtete Hersteller Dennis, der Spezialfahrgestelle für Feuerwehrfahrzeuge baut, konnte mit steigender Tendenz seine Fahrzeuge absetzen. Den ersten Dennis Rapier stellte die Brandweer Voorburg im Jahr 1992 in Dienst. Bereits kurze Zeit später wurde dieser erste Rapier von einem Nachfolgemodell abgelöst, der zum Dennis Standard-Chassis in den Niederlanden wurde. Lediglich die Brandweeren Maarssen und Steenderen bekamen den etwas größeren Typ Sabre, der auf einem normalen Lkw-Rahmen basiert. Die meisten Dennis wurden von der inzwischen selbstständigen Firma John Dennis Coachbuilders (JDC) aufgebaut, jedoch kamen bisher auch die meisten niederländischen Aufbauhersteller zum Zuge. Interessanterweise konnte Dennis bereits 1914 eines der ersten Löschfahrzeuge in den Niederlanden an die Brandweer Utrecht liefern. Das mit einer typisch britischen Escape-Ladder ausgestattete Fahrzeug hatte eine Pumpenleistung von 2600 l/min.

Neben den Großfahrzeugen wurden auch unzählige Land Rover verschiedener Typen beschafft. Ein Austin Mini wurde von einer Werkfeuerwehr zum Kleinlöschfahrzeug umgebaut.

Der Flughafen Amsterdam-Schiphol beschaffte 1979 insgesamt sieben Chubb Patroller, die später an andere Flughäfen weiterverkauft wurde.

Museumsbestand Brandweer Groningen: Autospuit (LF). Thames Trader 55/Kronenburg. Baujahr 1952

Brandweer Erp:
Autospuit (LF).
Ford Thames Trader/Kronenburg.
Baujahr 1963.
a. D.
Pumpe 2400 l/min

Brandweer Hof van Twente
Korps Stad Delden:
Tankautospuit (TLF).
Ford Thames Trader/Van Bergen.
Baujahr 1963.
Pumpe 1800 l/min,
1500 l Wasser.
Als Museumsfahrzeug
noch vorhanden

Bedrijfsbrandweer Koninklijke
Maatschappij De Schelde,
Vlissingen:
Tankautospuit (TLF).
Ford Thames Trader 55/Bikkers.
Baujahr 1964.
a. D. 1992.
Pumpe 3000 l/min,
1500 l Wasser

Brandweer Emmen: Tankautospuit (TLF). Ford D 750/Van Bergen. Baujahr 1967. Pumpe 2500 l/min, 1800 l Wasser

Foto: Manfred Nonnenbroich

Brandweer Haaren, Korps Helvoirt: Tankautospuit (TLF) Ford D 400/Den Hartog-Ziegler, Baujahr 1972, a. D.1986. Pumpe 200/250 l/min, 800 l Wasser

Foto:Henk Los

Brandweer Lochem,
Korps Barchem: Tankautospuit (TLF).
Ford Cargo 1215/Den Hartog-Ziegler. Baujahr 1982.
Pumpe 2800/250 l/min,
2000 l Wasser, a. D. 2004

Brandweer Oss, Korps Berghem: Personaal-Materiaalwagen (MTF/GW).
Morris Commercial/Van den Born. Baujahr 1953.
Mit Motorspuitaanhanger (TSA)

Brandweer Hengelo:
Tankautospuit Bos-Terrein (WTLF).
Bedford QL/Eigenaufbau.
Baujahr 1943, Aufbau 1949.
4000 l Wasser.
ehem. Treibstofftankwagen Britische Streitkräfte

Bedrijfsbrandweer Elocoat,
Terneuzen:
Autospuit (LF).
Bedford D2 LC2/Kronenburg.
Baujahr 1957.
Pumpe 1500 l/min

Bedrijfsbrandweer Gebr. Broere,
Dordrecht:
Schuimbluswagen.
Bedford A5 LCG/Eigenaufbau.
Baujahr 1958.
a. D.
Pumpe 3500 l/min,
2500 l Schaummittel.
Mit Waterkanonaanhanger
(SWWA)

Brandweer Sittard-Geleen,
Post Geleen:
Autoladder 25 (DL 25).
Bedford A5 LCG/Magirus.
Baujahr 1957.
FPV 800 l/min.
Als Museumsfahrzeug
noch vorhanden

Brandweer Boskoop:
Autoladder 22 (DL 22).
Bedford A5 LCG/Geesink.
Baujahr 1955.
Als Museumsfahrzeug
noch vorhanden

Bedrijfsbrandweer
Chicopee Cuijk:
Tankautospuit (TLF).
Bedford RL 4x4/Kronenburg.
Baujahr 1963.
i. D. 1978.
a. D.1989.
ex Brandweer Boxtel

Bedrijfsbrandweer Paktank
Europak Terminal Rotterdam:
Tankautospuit (TLF).
Bedford RHL/Sigmund.
Baujahr 1955.
ex Home Office (GB)
Green Goddess.
Pumpe 4000 l/min,
2000 l Wasser

Bedrijfsbrandweer Roompot
Recreatie, Kamperland:
Tankautospuit (TLF).
Bedford TK/Kronenburg.
Baujahr 1962.
ehem. Brandweer Kortgene.
Meyers-Hochdruckpumpe
250 l/min, 1550 l Wasser

Bedrijfsbrandweer
Broomchemie, Terneuzen:
Personaal-Materiaalwagen
(MTF/GW).
Bedford KCC2 (TK)/Den Hartog.
Baujahr 1968. i. D. 1989.
ex Brandweer Terneuzen

Bedrijfsbrandweer Exxon Chemicals, Rotterdam: Tankautospuit (TLF). Bedford KDJ2 (TK)/Eigenaufbau/Total. Baujahr 1968. ehem. Bedrijfsbrandweer Akzo Rotterdam. Pumpe 2400 l/min, 2000 l Wasser, 750 kg Pulver

Bedrijfsbrandweer Kuwait Petroleum, Rotterdam: Schuimbluswagen (SLF). Bedford TK/Bikkers. Baujahr 1964. a. D. 1988

Foto: Manfred Nonnenbroich

Bedrijfsbrandweer Rotterdam-Rijn-Pijpleiding, Venlo: Tankwagen-Schuimvormend middel (SMF). Bedford EPR/Kronenburg. Baujahr 1975. a. D. 2000. 5000 l Schaummittel

Brandweer Utrecht: Autoladder-Korf 30 (DLK 30) Dodge K 1050/Metz. Baujahr1975, a. D. Foto: Henk Los

Brandweer Utrecht:
Tankautospuit (TLF) Dodge K 850/Doeschot-Rosenbauer.
Baujahr 1976
a. D.
Pumpe 3000 l/min,
2300 l Wasser,
150 l Schaummittel
Foto: Henk Los

Brandweer Utrecht:
Tankautospuit (TLF) Dodge G 1311/Doeschot-Rosenbauer.
Baujahr 1979,
a. D. 1987
ND/HD-Pumpe 3000/250 l/min,
1500 l Wasser
Foto:Henk Los

Brandweer s'Gravenzande:
Hulpverleningswagen-2+
(RW 1-Kran).
Dodge RG 9/Van Trigt/Hiab.
Baujahr 1979.
a. D.

Bedrijfsbrandweer DOW Chemical, Terneuzen: Schuimbluswagen (SLF). Leyland 19.30/Doeschot-Rosenbauer. Baujahr 1989. Pumpe 8000 l/min, 2000 l Wasser, 3000 l Schaummittel. Die zwei weiteren Fahrzeuge der WF besitzen 5000 l Schaummitteltanks

Bedrijfsbrandweer Kuwait Petroleum, Rotterdam: Schuimbluswagen (SLF). Leyland 19.30/Doeschot-Rosenbauer. Baujahr 1988. a. D. 2005. Pumpe 5000 l/min, 7000 l Schaummittel. Nachfolger des Fahrzeugs auf dem Bild oben der vorherigen Seite

Brandweer Voorburg (heute Brandweer Vlietsteden): Tankautospuit (TLF). Dennis Rapier/Kronenburg. Baujahr 1992. ND/HD-Pumpe 3000/240 l/min, 1500 l Wasser

Brandweer Barendrecht: Tankautospuit (TLF). Dennis Rapier/Mostard. Baujahr 1995. ND/HD-Pumpe 3250/250 l/min, 1500 l Wasser

Brandweer Schipluiden: Tankautospuit (TLF).
Dennis Rapier XL/JDC. Baujahr 1998.
ND/HD-Pumpe 3250/240 l/min, 1500 l Wasser

Brandweer Schipluiden, Korps Den Hoorn: Tankautospuit (TLF). Dennis Rapier XL/Bravon. Baujahr 1997.
ND/HD-Pumpe 3250/240 l/min, 1500 l Wasser

Brandweer Ridderkerk:
Tankautospuit (TLF).
Dennis Rapier/C&C.
Baujahr 1995.
ND/HD-Pumpe 3000/240 l/min,
1500 l Wasser

Brandweer Beuningen: Tankautospuit (TLF). Dennis Rapier/Hoogstaal/Plastisol. Baujahr 2001. ND/HD-Pumpe 3250/250 l/min, 1500 l Wasser

Brandweer Oldenzaal:
Tankautospuit (TLF).
Dennis Rapier/JDC.
Baujahr 1999.
ND/HD-Pumpe 3250/250 l/min,
1500 l Wasser

Branwacht (friesisch für Brandweer) Bolsward:
Tankautospuit (TLF).
Dennis Rapier XL/JDC.
Baujahr 1996.
ND/HD-Pumpe 3300/300 l/min,
1860 l Wasser

Brandweer Dongen:
Tankautospuit (TLF).
Dennis Rapier XL/JDC.
Baujahr 2000.
ND/HD-Pumpe 3250/250 l/min,
1500 l Wasser

Brandweer Vlietsteden:
Tankautospuit (TLF).
Dennis Rapier/JDC.
Baujahr 1996.
ND/HD-Pumpe 3250/250 l/min,
1860 l Wasser

Brandweer Bronckhorst
Post Steenderen:
Tankautospuit (TLF).
Dennis Sabre/JDC.
Bj. 2001.
ND/HD-Pumpe 3250/250 l/min,
3000 l Wasser

Bedrijfsbrandweer
Bartimeushage, Doorn:
Personaal-Materiaalwagen
(MTF/GW).
Austin Mini 1000/Eigenaufbau.
Baujahr 1976

Bedrijfsbrandweer Luchthaven Rotterdam: Crashtender (FLF). Reynolds Boughton TTB P20T/Chubb Patroller. Baujahr 1979. i. D. 1992. ex Luchthaven Amsterdam-Schiphol. Pumpe 5500 l/min, 6800 l Wasser, 900 l Schaummittel

Brandweer Amsterdam: Personaal-Materiaalwagen (MTF/GW). Land Rover 88/Eigenaufbau. Baujahr 1966. Noch als Museumsfahrzeug vorhanden

Brandweer Zaanstad, Korps Zaandam-Oost: Personnaal-Materiaalwagen (MTF/GW). Land Rover 109/Doeschot-Rosenbauer. Baujahr 1976. a. D. 1997
Foto: Sammlung Wieczorek

Brandweer Gorssel
Korps, Almen:
Personaal-Materiaalwagen.
Bos-Terrein (MTF/GW-Wald/
Gelände) Land Rover 109/
Eigenaufbau.
Baujahr1973

Brandweer Gorssel:
Personaal-Materiaalwagen
(MTF/GW).
Land Rover 110
Defender 110 Tdi.
Baujahr 1993

Koninklijke Luchtmacht, Vliegbasis Eindhoven: Personaal-Materiaalwagen (MTF/GW). Land Rover 110. Baujahr 1989. Mit GSG-Anhänger

Weitere Bücher unseres Verlages

Fordern Sie unser Gesamtverzeichnis an mit Büchern über **Autos**, **Motorräder**, **Lastwagen**, **Traktoren**, **Feuerwehrfahrzeuge**, **Baumaschinen** und **Lokomotiven**:

Verlag Podszun Motorbücher GmbH
Elisabethstraße 23-25, 59929 Brilon
Telefon 02961-53213, Fax 02961-9639900
Email info@podszun-verlag.de
www.podszun-verlag.de

Erstmals wird die komplette Geschichte dieses großen deutschen Feuerwehrherstellers aufgezeigt. Jochen Thorns dokumentiert die Fahrzeuge von Schlingmann mit allen technischen Daten und einer Vielzahl erstmals veröffentlichter Bilder.

180 Seiten
525 Abbildungen
28 x 21 cm
fester Einband
Bestellnummer **378**
EUR **29,90**

Seit 1905 die erste selbstfahrende Dampfspritze bei Krupp in Essen in Dienst gestellt wurde, haben sich die Fahrzeuge der Werkfeuerwehren zu hochtechnisierten Werkzeugen weiterentwickelt. Diesen Fahrzeugen, vielfach Sonderkonstruktionen, widmet sich das Buch.

240 Seiten
1400 Abbildungen
28 x 21 cm
fester Einband
Bestellnummer **389**
EUR **39,90**

Die Geschichte der Scania-Feuerwehrfahrzeuge bis in die Gegenwart mit allen techn. Daten und vielen Fotos.

126 Seiten, 150 Abbildungen
28 x 22 cm, fester Einband
Bestellnummer **181** EUR **24,90**

Rund 150 Sonderlöschfahrzeuge werden hier ausführlich dargestellt mit technischen Daten und Maßstabszeichnungen.

342 Seiten, 805 Abbildungen
28 x 22 cm, fester Einband
Bestellnummer **216** EUR **44,90**

Drehleiterfahrzeuge deutscher Feuerwehren im 20. Jahrhundert mit einer Menge faszinierender Abbbildungen.

206 Seiten, 340 Abbildungen
28 x 22 cm, fester Einband
Bestellnummer **240** EUR **34,90**

Die komplette Lastwagengeschichte von Magirus in Wort und Bild und mit allen Daten

270 Seiten, 700 Abbildungen
28 x 21 cm, fester Einband
Bestellnummer **388** EUR **44,90**

Kraftspritzen, Rettungsfahrzeuge, Löschboote und all die anderen Fahrzeuge der Hamburger Feuerwehrgeschichte.

180 Seiten, 410 Abbildungen
28 x 22 cm Festeinband
Bestellnummer **331** EUR **29,90**

Sachkundige Dokumentation der amerikanischen Feuerwehrfahrzeuge mit faszinierenden Abbildungen.

206 Seiten, 380 Abbildungen
28 x 22 cm, fester Einband
Bestellnummer **248** EUR **34,90**

- Zirkusfeuerwehren in Deutschland
- Neuheiten
- Meyer Hagen, ein Firmenporträt
- 140 Drehleitern in Memmingen
- Berufsfeuerwehr Iserlohn
- Duro – Fahrzeugtechnik für Militär und Feuerwehr
- Deutsche Feuerwehr-Oldtimer in Norwegen

144 Seiten, 280 Abb.
17x24 cm, Broschur
Bestellnummer **361**
EUR **14,90**

- Neuheiten
- Tragkraft-Spritzenfahrzeug
- FF Bayreuth
- Meisner-Feuerwehrfahrzeuge
- Magirus Löschfahrzeuge und -Rüstwagen
- Faun LF 8-TS
- UHN, die neuen Unimog
- Oldtimer

144 Seiten
295 Abbildungen
17x24 cm
Broschur
Bestellnummer **332**
EUR **14,90**

- Neuheiten
- Die ersten Automobile der Pariser Feuerwehr
- Rüstfahrzeuge
- Ford Transit
- Bronto Skylift
- Noteinsatzfahrzeuge der Feuerwehr HH
- Werkfeuerwehr Salzgitter AG

144 Seiten, 295 Abb.
17x24 cm, Broschur
Bestellnummer **264**
EUR **14,90**

Neuheiten, TroTLF 16, Magirus-Drehleitern, Der rote Hahn, Borgward u.a.

144 Seiten, 244 Abb.
17x24 cm, Leinenbroschur
Bestellnummer **249** EUR **14,90**

Neuheiten, ELW 5, MAN, Büssing, TLF 8, Eigenumbauten, KLF-Th, Bremer FLF u.a.

144 Seiten, 250 Abb.
17x24 cm, Leinenbroschur
Bestellnummer **226** EUR **14,90**

Streifzug durch die 140-jährige Feuerwehrgeschichte von Magirus. Mit vielen außergewöhnlichen Dokumenten.

204 Seiten, 410 Abbildungen
28 x 22 cm, fester Einband
Bestellnummer **241** EUR **34,90**

Faun, Panther, Simba oder MAN: Löschfahrzeuge, Sonderfahrzeuge, Kranwagen, Geräte- und Rüstwagen u.a.

182 Seiten, 510 Abbildungen
28 x 22 cm, fester Einband
Bestellnummer **298** EUR **34,90**

Von den Eckhaubern der Nachkriegszeit bis zu den hochtechnischen Typen von heute zeigt der Autor alle wichtigen Feuerwehrfahrzeuge. Ein erstklassiges Nachschlagewerk und ein exzellenter Bildband für Einsteiger und Feuerwehrkenner.

144 Seiten
410 Abbildungen
28 x 21 cm
fester Einband
Bestellnummer **360**
EUR **19,90**

FEUERWEHR HAMBURG
MAX 400 KG